印刷業崩潰日記

驚悚就是我們的日常！

奈良裕己

陳朕疆／譯

前言

「如果能在印刷公司做三年業務員，以後不管去到哪都沒問題。」

前輩們這麼告訴大學剛畢業，進入印刷公司工作的我。

聽到這句話只覺得，沒想到自己進了一個這麼殘酷的業界啊，

那種恐懼的心情到現在我仍記憶猶新。

印刷業每天都會碰到一堆問題。

一直趕著進稿、回稿、下版，偶爾還會忙到錯過末班車，只好睡在公司。

即使如此，我在印刷公司的工作，

也並非全都由痛苦堆疊而成。

大概是因為身邊還有其他人和我一起經歷這些事，

我才能「淚中帶笑」地度過每一個日子。

下版時有跟我一起熬夜的同事，接到客訴時有和我一起去道歉的上司，

恐怖的印刷現場內有著職人手藝的師傅。

製版部內也有許多願意幫忙的同事。

印刷公司內真的有許多「有趣的人」。

雖然他們很少直接與客戶接觸，卻是一群個性豐富的人們。

當我開始以印刷公司為背景創作漫畫時，

就想試著描繪他們的樣子。

一邊回想自己和他們一起工作時的樣子，一邊開心地畫下來。

拜其所賜，原本在網路上的連載，就這樣集結成書了。

如果可以藉由這本書，

把我最喜歡的「印刷男孩」與他們的工作，

介紹給更多人知道的話，那就太棒了。

當初前輩說「要是能做三年的話～」，然而我已在兩間公司做了共十年。

或許也因為這樣，現在我也能夠以漫畫家、插畫家的身分，

在殘酷程度不輸給印刷產業的世界存活下來。

接著就請各位慢慢欣賞

筆者精心編織而成的《印刷業崩潰日記》吧！

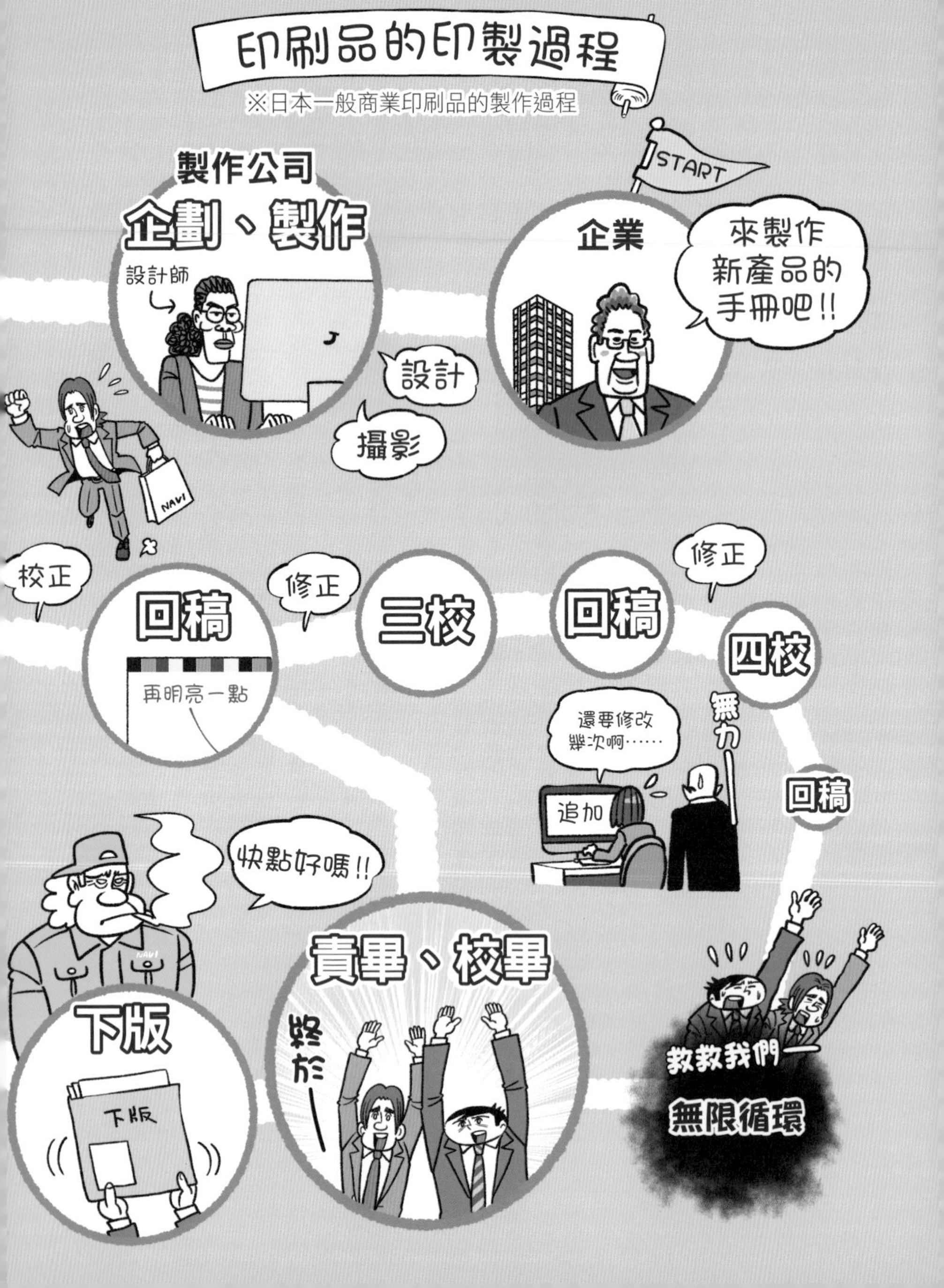
印刷品的印製過程
※日本一般商業印刷品的製作過程
START
企業
來製作新產品的手冊吧!!
製作公司
企劃、製作
設計師
設計
攝影
NAVI
校正
回稿
再明亮一點
修正
三校
回稿
修正
四校
還要修改幾次啊……
無力
追加
回稿
救救我們—
無限循環
快點好嗎!!
下版
下版
責畢、校畢
終於—

交給我們吧!!
印刷公司
進稿
製版
初校
(色彩校正、噴墨樣)
校正
回稿
刪除補上
明亮一點!!
銳利一點
再校
修正
失誤
印刷
失誤
曬版
裝訂
加工
NAVI
GOAL
交貨
但有時候…
客訴!!
傻眼

印刷業崩潰日記 目次

CMYK PRINTING BOYS

※本書內容以日本印刷業的情境及用語為主，在不同印刷公司、環境等會有所差異，僅供參考。

某天晚上，那美印刷公司本部。
那美印刷公司
今天是高人氣網路漫畫實體書版的進稿日，刷元與沖田為此加班到深夜。
沖田，原稿整理好了嗎？
哦！快好了！
可是，刷元前輩啊。
寫寫寫寫
前幾天，我和在廣告界還有貿易界工作的朋友吃飯……聽起來，會工作到半夜的好像只有我們印刷公司耶……我不太能接受啊～
加班變少了喔～
哦～～……貿易和廣告界啊……
哈哈哈哈……
那我們算是印刷界嗎？
唉！
我不是問這個啊……

墨賀先生！讓您久等了～！
2F 製版部
哦?!那個漫畫要進稿了嗎?!
終於等到了—
喹喹喹—
我很喜歡這個漫畫喔！
啊～！是小凜啊！
興奮—
抱歉，讓你們久等了。
辛苦了——
沖田！可以負責那麼有趣的漫畫的印刷工作很棒吧！加油喔!!
讓人很有動力對吧—
一起加油吧！只要有小凜在的話，我才不會輸給廣告界和貿易界的人呢!!
?
和剛才差太多了吧……
興奮

進稿順利結束了
看來應該可以趕得上末班車了！
今天真累啊
啪嗒啪嗒啪嗒
真希望能用計程車券回家……
碎唸 碎唸
啪咚啪咚啪咚
出現
刷元！你還在嗎?!
閃亮——
!!
發生什麼事了嗎?!
居……居然在發光！
嚇到
剛才進稿的檔案圖像資料全都消失了啊！
什麼——
呼呼！！
呼！呼！

CMYK

什……什麼？我先聯絡一下設計師！
唰
回得了家嗎……
喔——辛苦啦！
還在工作嗎？印刷男孩們！
我接待客戶回來了，這是慰勞品喔——
豬肉包子
呃——
嗯？
……
印刷男孩是什麼啊……好土喔。
唉——
課長，謝謝你的包子，可是現在剛好碰上了點問題……
刷元，快打電話給設計師啦！
那我就是印刷女孩嗎？
總……總覺得很抱歉啊。
那美印刷
於是，親愛的印刷男孩們今晚仍要繼續工作。

關鍵字索引

●……考試會考（?!）基本印刷用語120個

●……令人懷念的瀕臨絕種印刷用語8個（灰色圓點）

※依照筆畫順序排列

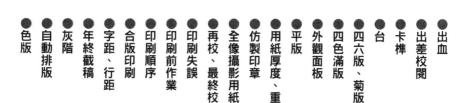

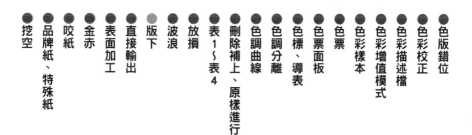

登場人物

刷元正

主角。那美印刷公司業務部員工。非常喜歡印刷品，對自己的工作十分投入。但每天都因為碰上不同的印刷意外而陷入苦惱。他「不好的預感」通常都會實現。

<那美印刷　業務部>

黃瀨耕作

業務部部長。主導著那美印刷的「工作方式改革、經費縮減」。

安藤仁男

刷元的上司，業務部課長。興趣是重訓，擁有健美的身材，但也被時不時發生的印刷意外搞得頭昏腦脹。

沖田功人

刷元的後輩，業務部新人。非常討厭加班和麻煩的工作。

<那美印刷　製版部>

灰島亮太

製版部的修圖負責人。擁有足以冠上「修圖魔術師」的實力。個性有點奇怪，給人不太好相處的感覺，卻是一個很可靠的人。

墨賀晴信

閃閃發光的頭頂是他的註冊商標，是製版部的進度管理人。頭頂開始閃耀就會發生大事，會使用奧義「交叉法」。

藍川凜

製版部DTP作業員。還是個新人，時常犯錯，不過她對工作的熱情也時常感染到周圍的人。

<那美印刷　社長>

那美丁介

那美印刷公司的董事長兼社長。大器而溫厚，受到所有員工的敬重。

<那美印刷　印刷廠>

五味隆史

那美印刷廠的廠長。性格溫厚，卻是少數能與神級職人赤羽正常對話的人。

赤羽秀太郎

埼玉縣那美印刷廠技術員。擁有35年業界經驗的神級職人，也是業務部最畏懼的人。

<公司外>

刷元幸、刷元美羽

刷元幸是刷元正的妻子，看到丈夫到了假日還在想工作的事就覺得頭痛。女兒美羽看到爸爸的奇怪行為，也會覺得有些「變態」。

高桐仁之助

製作公司「時髦設計」的設計師，個性輕浮。

月野光介

大型廣告代理商「電學堂」的藝術總監，優等生類型的角色。

考試會考（?!）

基本印刷用語 001

下版

印刷流程中，將責畢、校畢（P25）後的最終資料從製版部送到印刷部的動作。對於印刷公司的業務員來說，這是最後的難關！下版之後，原則上就不能再修正或變更內容了，所以下版時總是讓人戰戰兢兢。要是在下版前發現了致命錯誤，就會讓人忍不住大喊「不能下版了！」

某個週日的下午，車站內有個男子對著海報上寫真偶像的胸部凝視了好一陣子。
走路時不要看手機!!
COOL
……
盯—
但他並不是變態，沒錯，他是……
BOMANGA
登—
印刷公司的員工！
啊～好讓人在意啊……
那美印刷公司
業務 刷元正
有破網……
這個
說明一下，這裡的破網指的是……
膠印印刷機
油墨的氣泡
紙屑
出現破網!!
印刷用紙
因為印刷時的紙粉或氣泡，使得印刷品在印刷面出現白色點狀物。

考試會考（?!）

基本印刷用語 002

進稿、出校、回稿

印刷公司收到已排版資料、圖像資料、輸出樣本等原稿，就叫做「進稿」。以進稿資料為基礎，在製版時提出色彩校正稿與噴墨樣，就叫做「出校」。而在顏色等需要校正的地方以紅字標示，並將稿件送回，就叫做「回稿」。要是事情不順利的話，就會陷入出校、回稿的循環中……簡直是地獄。

數天前，那美印刷公司本部。
發現破網囉！
當有人發現產品有破網時，
翻
翻
翻
業務部作業台
就會開始舉行「戳戳大會」！
第幾頁？
第30頁的背景！
原子筆真好用耶！
再用面紙輕輕擦過……
戳
輕一點啊！
好的。
用簽字筆或原子筆持續地戳破網（白點）把它塗掉。

考試會考（?!）

基本印刷用語 003

校正、校閱

校正各種語詞用法是否錯誤，以及是否有錯字、缺字；校閱內容是否有誤、是否合適。印刷公司或出版社內皆有專職部門確認這些事，以確保相關人士不會誤植錯字。負責校正、校閱的人收到原稿後，常會發現一大堆讓他們覺得「這樣寫對嗎？」的問題。一一解決這些問題，才能提高印刷品的品質。

於是——
那美印刷送件！
您好～我把樣品帶來了！
樣品 100本
嗯，這次也印得很漂亮啊～
不愧是那美印刷!!
不管是哪個商品，顏色都印得很完美！
一直以來都受您照顧了！
嘿嘿嘿嘿嘿
您客氣了～
順帶一提，「戳戳大會」是極機密任務！
抱歉，等很久了吧～
吉祥川站
Kichijokawa Station
廁所太多人了……咦？
妻子
刷元幸
女兒
刷元美羽

等一下！你在幹嘛啊！
奔
呼ー
呼ー
呼ー
咚ー
沒……沒有啦，因為我很在意這個破網嘛……
不要這樣好不好！今天放假耶！
什麼破網啦！
爸爸變態！爸爸變態！
如果你在街上看到有人想拿筆去戳印刷品的話，那個人恐怕是……
印刷公司的員工
可是…真的很在意嘛…
！
嘟嚕嚕嚕嚕
嗯？是課長啊。
喂？我是……
嗶
……
爸爸變態!!
咦——!?
印……印刷失誤？

考試會考（?!）

基本印刷用語 004

印刷失誤

表示印刷時出現了意料之外的問題，是印刷公司的員工最不想聽到的字眼。和交通事故一樣都是因意外而產生的問題，印刷失誤的事後應對（重印、探究原因、撰寫意外報告書）也很麻煩。不過透過這些經驗，也能讓公司內外的人員關係更加緊密。

考試會考（?!）

基本印刷用語 005

責畢稿、校畢稿

「雖然還有地方需要修正，不過把這些地方簡單修過之後就可以下版囉！」這樣的稿件，就稱作責畢稿（責任校閱完畢）。「太完美了！就這樣直接下版吧！」的稿件就稱作校畢稿。下版時，上面有紅字（修正指示）的原稿是責畢稿；而沒有紅字「完全OK！」的原稿就是校畢稿。

明明是星期天，刷元正卻被叫到位於埼玉縣的公司所屬工廠。
呼——
這裡應該是禁菸吧……
禁菸
你這傢伙，印刷機都不得不暫停運轉了，完全就是失誤啦。
給我確認好原稿再拿來啊……
！
NAVI
35年印刷經驗的神級職人
赤羽秀太郎
指指
這這是……！
啪——
校畢稿
呈現顏色!!
印刷時，請讓這個人的皮膚紅一些！
校畢

糟了！
因為我偶爾也想早點回家……
太相信設計師說的話，所以沒再確認原稿的情況，就這樣交給新人了！
OK 沒有錯字囉!!
原稿
下版交給你了
瞭!!
你都在印刷業待幾年了啊？
瞪
這個人還真恐怖啊。
是，實在是很抱歉……
垂頭…
說明一下，膠印時有固定的「方向」，調整顏色時也需順著這個方向進行，故印刷過程中，不可能就單一處的問題進行調整！
<簡略圖>
印刷方向
印刷用紙
A
B
C
若調整A部分的顏色，那麼在同一條線上的B和C也會受到影響！
好了好了，阿秀啊，刷元都特地在星期日跑一趟過來了……
呼嚕嚕嚕

基本印刷用語 006

膠印

平版印刷，也稱平印，也是最常用的印刷方式。將印刷版上的油墨先轉移（OFF）到橡膠滾筒上，再轉印（SET）到紙之類的被印刷物上，故也被稱作offset印刷。使用的印刷機可依照紙張分為用單張單張印的平張機（P61），與使用捲筒紙的輪轉機。

紅筆、紅字

工作與印刷品相關的業界人士都會隨身攜帶「紅筆」，因為加入修正指示時需以紅字表示。而且，水性紅筆容易暈開，故用油性筆比較好。講點題外話，一本厚達數百頁的型錄原稿，在回稿時常會比出校前還要重，多出來的重量就是紅字的墨水重。可見印刷品的完成都要靠紅筆！

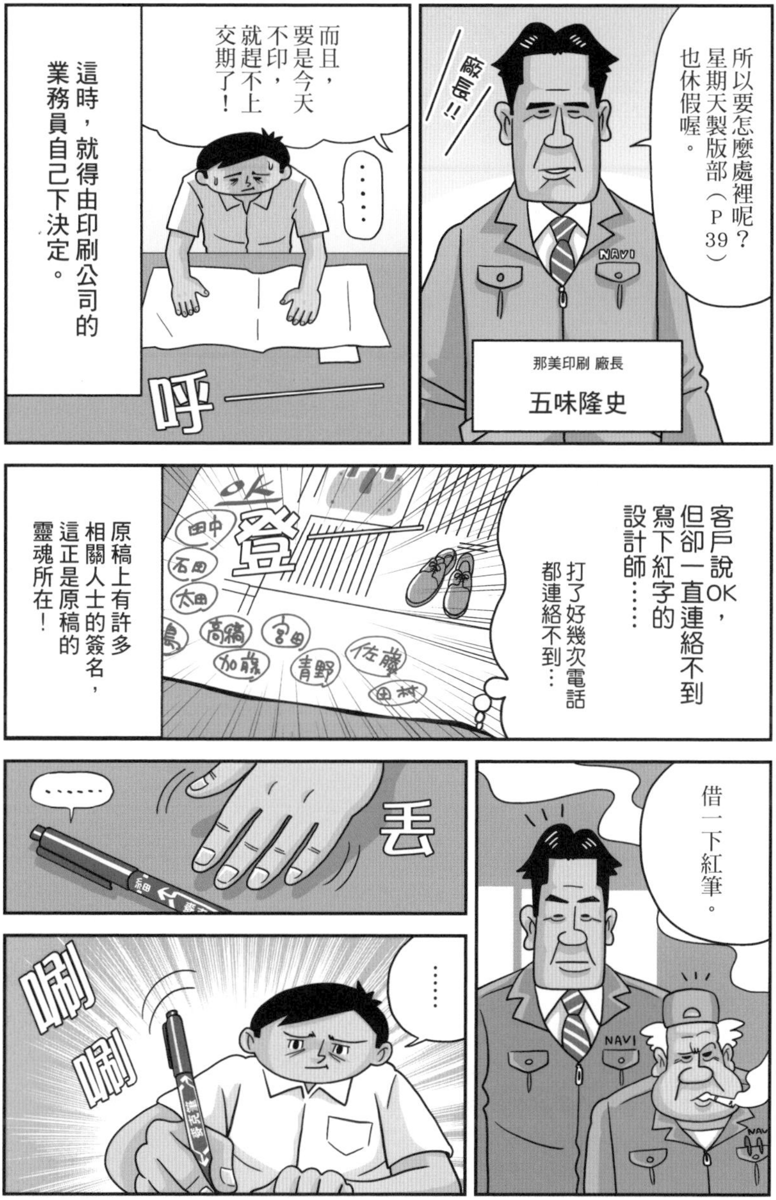
所以要怎麼處裡呢？星期天製版部（P39）也休假喔。
廠長!!
那美印刷 廠長
五味隆史
而且，要是今天不印，就趕不上交期了！
……
這時，就得由印刷公司的業務員自己下決定。
呼——
客戶說OK，但卻一直連絡不到寫下紅字的設計師……
打了好幾次電話都連絡不到……
OK
登
田中
石田
太田
加藤
青野
佐藤
田村
原稿上有許多相關人士的簽名，這正是原稿的靈魂所在！
借一下紅筆。
……
丟
……
唰
唰

好！重新開印！
嗚喔喔喔喔
校
印刷時，請讓這個人的段
一些！
原樣進行
刷元
印刷工作永遠需要有人背負責任。
刷元，沒問題嗎？不是還沒聯絡到設計師嗎？
嗶—
嗶—
隆隆隆隆
隆隆隆隆
客戶已經確認過校畢稿沒問題了，設計師那邊我明天會再去說明。
這樣啊，那就在這裡看到印完再拿去吧。
星期一
GOOD！太漂亮了！
咻—
咦？紅字？喔——那個啊，有沒有改都沒關係啦。
哈哈哈哈哈
沒關係啊……那就好……
呼3！
雖然刷元因為這個有改沒改都沒關係的紅字，星期天在印刷廠一直看印到深夜……

考試會考(?!)

基本印刷用語 008

刪除補上、原樣進行

日本印刷業最常用的校正用語。「刪除補上」指的是刪掉多餘的文字，空出來的部分則由後面的文字補上。「原樣進行」則是維持現狀進入下一個階段，如果覺得之前提出的修正指示怪怪的「啊，還是按照原樣進行下個步驟好了！」的話，就會用這個用語。

考試會考（?!）
基本印刷用語
009

最終版面

製作階段中，為確認印刷品的設計與排版是否恰當，故先列印出樣品以進行確認。進稿資料中附加的輸出樣本也會被稱作comp。彩色的comp又被稱作color comp。comp來自英語的「comprehensive layout」，也就是「最終版面」。

今天由刷元負責的家電量販店摺疊式宣傳單即將下版，為了印刷足以供應全國220間分店的宣傳單，大家正在加班中。
喀拉
我回來了！
用後請歸位！
怎麼樣，有辦法全店家下版嗎？
回來啦〜
喀搭
業務部 課長
興趣是重訓
安藤仁男
辛苦了。
回頭
好想回家好想回家好想回家好想回家好想回家好想回家好想回家好想回家好想回家……
業務部 新人
最討厭加班
沖田功人
共通版是OK了。
放下
抽換版還有一半左右，剩下的部分應該很快就能做完！
色彩校正
這樣啊，這次滿順利的嘛！
可以回家了!!
好耶！
握拳

說明一下，全國連鎖家電量販店的廣告單內，除了所有店面共通的部分之外，還有幾個各店面不同的部分，像是店名、各店獨立舉辦的促銷活動等。
<表1>
<表4>
店名
抽換版
武藏店
大促銷
武藏店
各店促銷活動
抽換版
內頁
全店共通版
<內頁>
各店的「抽換版」共有220個版本。送印時需以正確無誤、簡單明瞭的方式交給印刷廠！換句話說，若抽換版越多，下版時就越麻煩！
嗯？
最終版面
（用印表機印出來的樣品）
攤開
哦！表1的主角是演員星聖矢啊！
輸出樣品 <表1>
便宜的價格會讓人上癮啊!!
是的！最近人氣相當高呢！
啊——剛才我也在網路新聞上看到他囉～聽說他被逮捕了…
啊？
被逮捕了？
我是在新聞網站的快報看到的……
要看嗎？
唉呀呀呀

考試會考（?!）

基本印刷用語
010

表1～表4

日本印刷業對於封面各頁的特殊稱呼。一般人認為的「封面」在印刷業界中又稱作「表1」，而打開封面後的下一頁稱作「表2」。而一般人認為的「封底」則稱作「表4」，其前一頁則稱作「表3」。順帶一提，印刷公司會將表2之後的頁數皆稱作「本文」。

考試會考（?!）

基本印刷用語 011

現場看印

在印刷現場監督印刷作業。有時印刷公司的業務員或委託印刷的公司會派人進入印刷現場，實際確認印刷工作，並給予各種指示。有時甚至會因為印出來的顏色不符需求而耗上一整天的時間，最後卻「難產」。簡直就像是在「陪產」！當然，有時也會順產，可見「印刷品就像生物一樣」！

你看，就是這個！
HardBank 23:39
LINLINNEWS
演員 星聖矢因毒品遭逮捕
人氣演員，星聖矢（26歲）因持有毒品，涉嫌違反毒品取締法，在東京自家遭警視廳逮捕。
!!
慘了
嘟嚕嚕嚕嚕
嚇到
山田先生
是！我是刷元！我剛看到新聞了！
不，還沒開始印刷！
搖晃
好的…我瞭解了!!
課長，該不會……
沒辦法下版了呢……

考試會考（?!）
基本印刷用語 012

色彩校正

確認印刷出來的顏色與一開始指定的顏色是否相符。螢幕上看到的顏色與實際印刷出來的顏色通常略有不同，且顏色還會受到紙張種類與天候等自然現象的影響，產生細微的差異……在拿著色彩校正稿對客戶說明前，先準備好這些藉口吧，不過常會惹怒客戶就是了。

那美印刷
埼玉印刷廠
赤羽先生、赤羽先生，刷元先生打電話來。
……
所以今天沒辦法下版了…
咕喔！
刷元——
你現在給我馬上去警察局幫那傢伙頂罪！叫警察放他出來！
哈哈哈，怎麼可能呢……
業務也得承受來自印刷廠的抱怨。
啪噠 啪噠 啪噠 啪噠
隔天早上，換了一個謎之紳士的照片後終於下版了，總算有趕上廣告單交期。
替換用 去背
這誰啊？
誰都行啦…

考試會考（?!）

基本印刷用語 013

鐵尺

色彩校正或預印階段中，裁切印刷成品時會用到。要裁切多達數百頁的色彩校正稿時，一般會拿數十張稿件疊在一起，將鐵尺壓在要裁開的地方，再用美工刀唰唰地裁開。裁開一整疊幾十張的紙，聽起來很簡單，但其實很難。就算很帥氣地刷一刀過去，位於下方的稿件仍有可能裁歪。

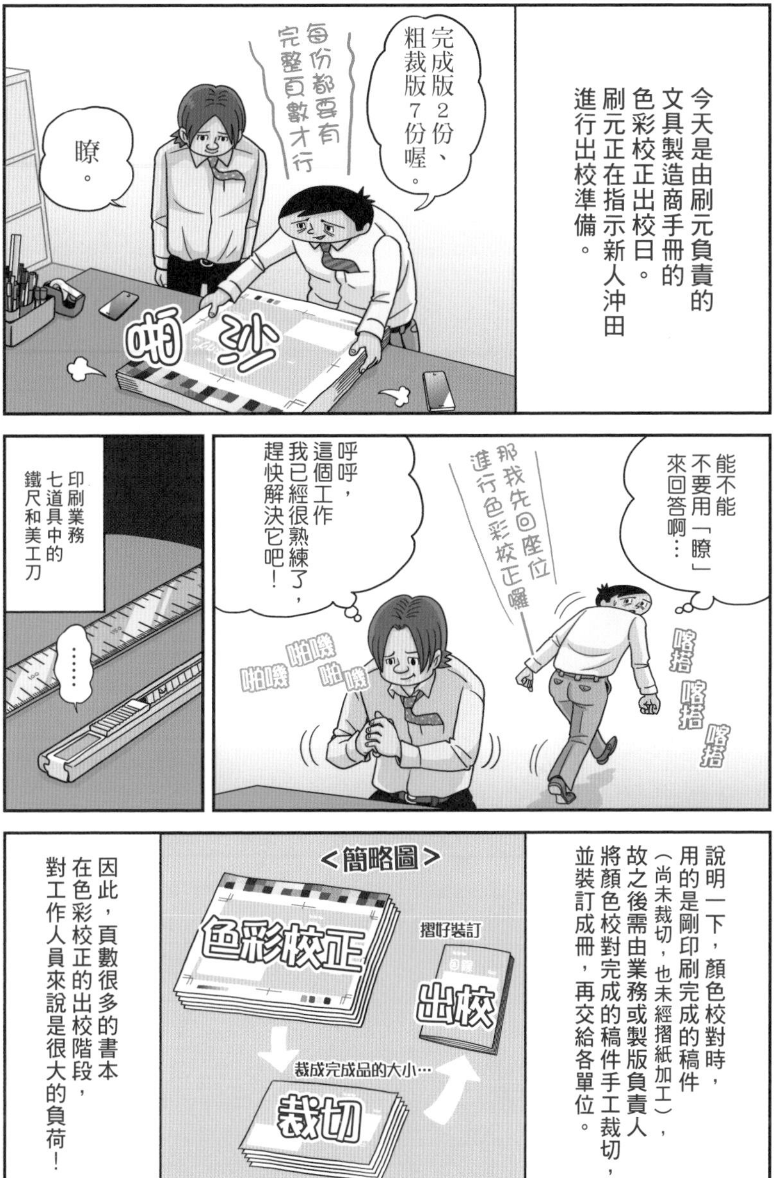
今天是由刷元負責的文具製造商手冊的色彩校正出校日。刷元正在指示新人沖田進行出校準備。
完成版2份、粗裁版7份喔。
每份都要有完整頁數才行
瞭。
啪沙
能不能不要用「瞭」來回答啊…
那我先回座位進行色彩校正囉
喀搭 喀搭 喀搭
呼呼，這個工作我已經很熟練了，趕快解決它吧！
啪嘰 啪嘰 啪嘰
印刷業務七道具中的鐵尺和美工刀
……
說明一下，顏色校對時用的是剛印刷完成的稿件（尚未裁切，也未經摺紙加工），故之後需由業務或製版負責人將顏色校對完成的稿件手工裁切，並裝訂成冊，再交給各單位。
<簡略圖>
色彩校正
摺好裝訂
出校
裁成完成品的大小…
裁切
因此，頁數很多的書本在色彩校正的出校階段，對工作人員來說是很大的負荷！

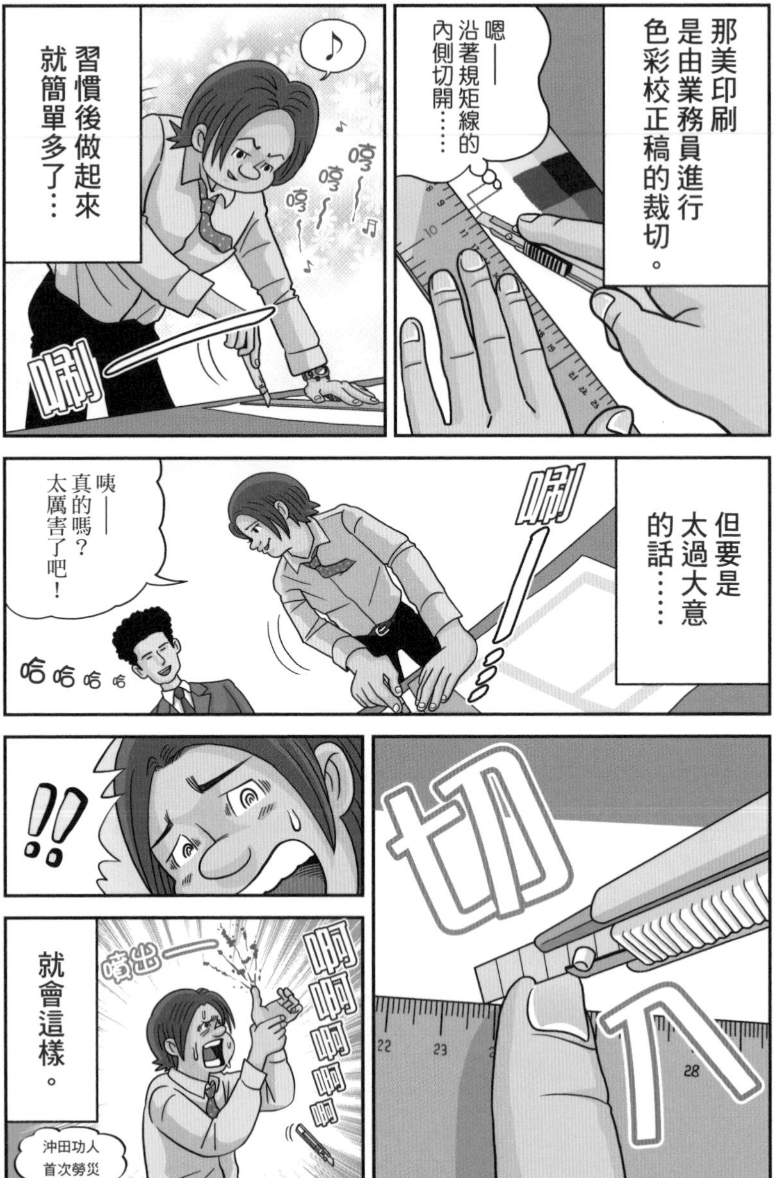
那美印刷是由業務員進行色彩校正稿的裁切。
嗯——沿著規矩線的內側切開……
♪
哼~哼~哼~
習慣後做起來就簡單多了…
唰
但要是太過大意的話……
唰
咦——真的嗎？太厲害了吧！
哈哈哈哈
切入
!!
就會這樣。
噴出——
啊啊啊啊啊
沖田功人首次勞災

考試會考（?!）

基本印刷用語 014

規矩線

標示最後成品大小，方便之後進行裁切的記號，以及多色印刷時確認是否有色版錯位（參照Ｐ68）的記號，這些記號會印在成品範圍之外。位於天地中央、左右兩側中央的叫做「中央規矩線」，標示成品四角位置的叫做「四角規矩線」。除此之外，標示摺疊位置的記號又叫做「摺疊規矩線」。又稱作裁切標記。

考試會考（?!）

基本印刷用語 015

天、地、內、外

書本、小冊子等印刷品各部位的名稱。「天、地」如名所示，指的是上、下。不管是對印刷品裁切或摺疊加工工作，都會用天、地來表示上、下。「內」為打開書時的中間部分、「外」則是外側部分。翻書時，可能會被書頁「外」（書口）的部分切到手指。

數小時後
抱歉把色彩校正稿用髒了……
前輩，
嗯，雖然稿件滿江紅，但不是紅字所以沒關係喔~哈哈哈。
哈哈哈哈
……
新人通常還不太能接受印刷梗！
豎起
呃……總之，當你覺得自己已經熟練的時候才是最危險的喔！其實我還是新人的時候……
這是必經之路啦
啊，傷痕！
還有在檢查裝訂成冊的樣品時，也常被外邊的紙切到手指喔！
(註)這裡
紙
內邊
外邊
外邊
被紙切到還滿痛的喔~
冒出
沖田，我聽到囉，還好嗎？
!!
課長！
嚇到

課…課長！
發生什麼事了！
是、是被誰打了嗎!!
嗯？
左胸前全都是血啊！
滲出
啊~這個嗎？
唉呀—真受不了—
是我的紅筆忘了蓋筆蓋啦……
常有的事嘛!!
哈哈哈哈哈哈
呵呵 呵呵 呵呵 呵呵
這樣會惹妻「紙」生氣啦~
什麼啦！
喀啦
找到了！
刷元！
糟糕了！
嚇到
呼—呼—呼—
圖…圖片……
圖片……
製版部 進度管理人
興趣是戶外活動
墨賀晴信

考試會考（?!）

基本印刷用語 016

粗裁

將色彩校正用稿或剛印出來的成品大略裁過，但不要裁到「規矩線」，就稱作粗裁。或者，將剛印出來的成品裁成方便進行下一個步驟的樣子，也叫做粗裁。一般會用粗裁後的稿進行色彩校正，不過有時也會將裁成最終大小、並依照頁數順序排好（P122）的「成品」一併交出。

考試會考（?!）

基本印刷用語 017

再校、最終校

進稿後的第一次出校稱作初校。初校後，以紅色標示的部分（色調的修正指示等）經修正後會再次送校，這就是「再校」。依此類推，接著就是「三校」、「四校」。而下版之前「以防萬一再做最後一次出校」，就稱作「最終校」。說起來，許多印刷相關人士常會把「以防萬一」掛在嘴邊。

被叫去製版部的刷元，看到今天下版的聖誕蛋糕型錄的最終校，頓時說不出話來！
2F 製版部
？
這…這是……
啪！
明明沒有紅字，圖片卻變了！
再校
最終校
起司蛋糕
NO 3245-C5
那是初校的圖片……
也就是說…
咚！
返祖現象！

備份資料

用其他媒介，或用電腦另存一份資料，以防止資料遺失、損壞。有時會碰上「改用前一次的稿」這樣的指示，故進稿後的資料一定會備份起來。有時也會發生把第一次出校的備份當成再校後的修正稿這種可怕的事情……。

返祖現象？
說明一下，所謂的返祖現象是指應該修正過的地方，卻不知為何回到未修正的狀態……
人人害怕的印刷怪談
加入紅字…
明明已經修正了
變回初校稿的圖片!!
初校
再校
最終校
改成起司蛋糕
OK!!
噫～～好恐怖～～～
刷元……抱歉啊。
……
為什麼會出這種錯啊……要是今天沒有完成最終校的話就沒辦法下版了耶～
真的是非常抱歉!!!
喀
我用到初校稿時的備份資料了……
登
小凜!!!
製版部 DTP作業員
工作努力且備受期待的新人
藍川凜

考試會考（?!）

基本印刷用語 019

製版部

製作印刷用版的部門。以前會製作實體的版，不過現在已經完全數位化了，故現在的製版部其實是處理製版資料的部門。印刷公司內，從進稿到下版的過程中，業務員都需要與他們共同作業，關係相當密切。有時麻煩他們、惹怒他們，有時反而被他們安慰，但最後都會為了「做出好成品」而一起奮鬥。

這種情況下，印刷業務員們首先要確保的是各單位的合作！
墨賀先生請馬上準備校正後印刷！
瞭解。
藍川小姐請馬上修正資料並逐一確認圖片！
好！
我呢？我呢？
我也要幫小凜的忙！
再來就是……
回頭
……嗯？
客戶公司本部
真的是非常抱歉！
為什麼我要…
唉—
要好好賠罪！
啪

今天晚上
會把重新印好的
最終校原稿送上，
明天早上就可以下版，
交期不會改變……
滔滔不絕
加班……
當然，
也要提出
修正方案。
隔天早上
早安——
刷元～
還好嗎？
!!!
不好意思，
祖先們……
我再過陣子
就會去掃墓了……
碎碎念
碎碎念
先暫時
別吵他們吧……
型錄終於下版後，
刷元等人一直在夢中
和祖先們賠不是。
碎碎念
拜託
饒了我吧～
哥～
哥～
色彩
校正稿
呼
呼
呼

考試會考（?!）

基本印刷用語 020

DTP

桌面排版（Desktop publishing）的簡稱，就是在電腦上製作印刷品資料。在DTP誕生以前，製版人員需以設計師的設計圖為基準，以類比方式製作版下（P45），印刷公司再以這個版下「製版」印刷。若以DTP方式進行，從設計到版下製作都可由一個人在電腦前完成。

考試會考（?!）
基本印刷用語
021

不比對校閱

不與原稿比對，直接用印出來的稿件進行校閱工作。將原稿與印出來的稿放在一起比對則稱作「比對校閱」。兩者一起進行時，可以發現更多應該要改正的地方。順帶一提，還有一種校閱方式是讓一個人讀出原稿，另一個人看著校閱用稿進行校閱，又叫做「聽讀校閱」。

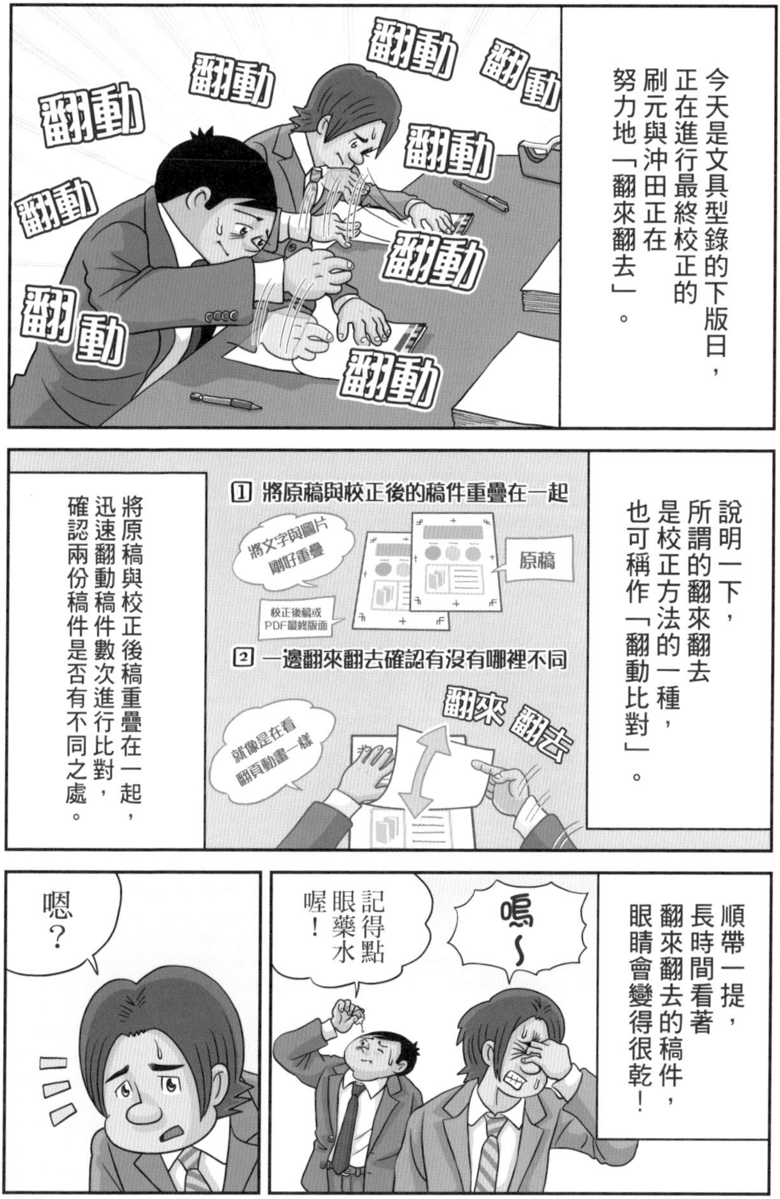
今天是文具型錄的下版日，正在進行最終校正的刷元與沖田正在努力地「翻來翻去」。
翻動 翻動 翻動 翻動 翻動 翻動 翻動 翻動
說明一下，所謂的翻來翻去是校正方法的一種，也可稱作「翻動比對」。
① 將原稿與校正後的稿件重疊在一起
將文字與圖片剛好重疊
原稿
校正後稿或PDF最終版面
② 一邊翻來翻去確認有沒有哪裡不同
翻來 翻去
就像是在看翻頁動畫一樣
將原稿與校正後稿重疊在一起，迅速翻動稿件數次進行比對，確認兩份稿件是否有不同之處。
順帶一提，長時間看著翻來翻去的稿件，眼睛會變得很乾！
嗚～
記得點眼藥水喔！
嗯？

部分校閱

只校閱圖像顏色之類的校閱工作。舉例來說，假設要印刷一份有數千個商品圖像的型錄，但要進行色彩校正的時候，商品圖像還沒有處理完成，此時就會另外找時間為這些商品圖像進行「部分校閱」。

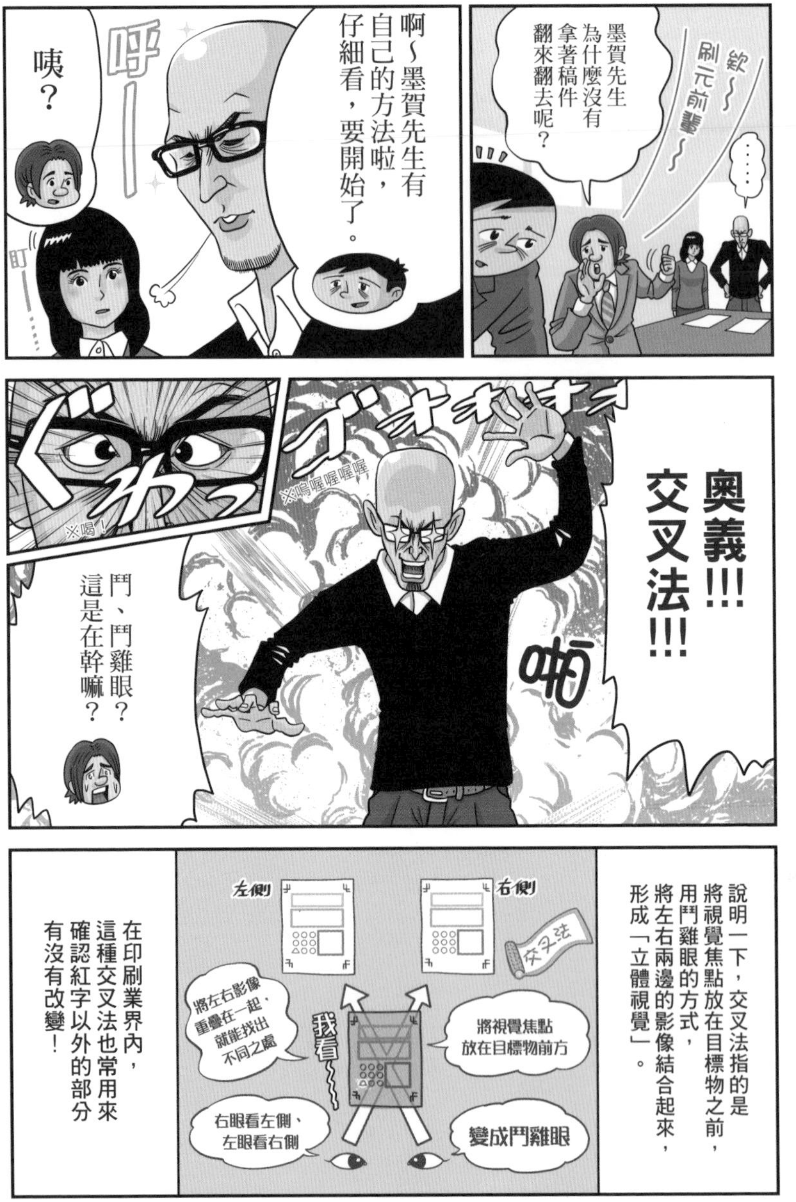
欸～刷元前輩～～
墨賀先生為什麼沒有拿著稿件翻來翻去呢？
……
啊～墨賀先生有自己的方法啦，仔細看，要開始了。
呼－
咦？
盯－
奧義!!!
交叉法!!!
啪
※嗚喔喔喔喔
※喝！
鬥、鬥雞眼？這是在幹嘛？
說明一下，交叉法指的是將視覺焦點放在目標物之前，用鬥雞眼的方式，將左右兩邊的影像結合起來，形成「立體視覺」。
左側
右側
交叉法
將左右影像重疊在一起、就能找出不同之處
我看～
將視覺焦點放在目標物前方
右眼看左側、左眼看右側
變成鬥雞眼
在印刷業界內，這種交叉法也常用來確認紅字以外的部分有沒有改變！

考試會考(?!)

基本印刷用語 023

展開、收合

日文中，將「漢字」語句轉換成「平假名」就叫做「展開」，反過來說，將「平假名」轉換成「漢字」就叫做「收合」。有些只用漢字書寫的文章難以傳達某些訊息，故會將文章中的某些漢字轉換成「平假名」。各大企業、媒體皆有自己的一套轉換規則，使讀者閱讀時能注意到這個部分。

墨賀的視野
我看~~~
閃亮
這裡的「文字部分」不一樣！
好的！
唰
啪
這頁OK！
好的！
這頁明明沒紅字寫法卻不一樣！
好的！
這裡的漸層消失了！
好的！
啪
厲害!!超快！
這樣可以下版嗎…
撲通 撲通 撲通
不不，話說錯誤是不是太多了？
另外，還有一種方法叫做平行法，是將視覺焦點放在目標物的後方。
平行法
將視覺焦點放在目標物的後方
左側
右側
將左右眼看到的影像重疊起來，找出不一樣的地方
我看~
不需要鬥雞眼
聽說常用交叉法或平行法的話，視力會變好喔。
是喔──…

考試會考（?!）

基本印刷用語 024

出差校閱

下版前！最後的最後！客戶、設計者、編輯者等人出差到印刷廠進行校閱，就是出差校閱。這時大家早已臉色蠟黃、眼睛也布滿血絲，像是喪屍一樣，即使如此還是要進行校閱，真是太偉大了！累到一直點頭打瞌睡的他們，手上的紅筆還會不小心畫到校畢稿，實在是太認真了。

好！我也要用交叉法迅速完成……
我盯…
提高校正速度、拒絕加班!!!
哈哈哈，沒練習過是不可能突然就會的啦。
一點題外話，日常生活中，交叉法有時也可以用在意想不到的地方（P149）！
雜誌裡面的「大家來找碴」
比較商品規格
我看
簡單！
我看
原來如此…
不過……
……
盯～～～
媽媽～爸爸又在做奇怪的事了！
不是喔，只是在練習而已啦！
接著公布大家來找碴的答案！
似乎只有當目標物是橫向排列時才能用交叉法，這點要特別注意。

令人懷念的

瀕臨絕種印刷用語 001

版下

指製版用的原稿。將文字、圖表（除了照片、插圖外）等必要的東西，依照排版時的設定貼在白色台紙上，指定繪圖的位置與顏色後才進入製版階段。現在用電腦就可以完成這些事，但以前需全靠手工完成，得一直重複「剪下、貼上」的動作。

都在騙人

政府說的話都是在騙人！
但我絕對不會騙人！
學民黨
刷元前輩，那個人……
哇！
哇！
就是一直修選舉海報照片的那個人吧……
啊…是啊！
勞動改革就交給我來推動吧！
減少加班，為大家的生活帶來光明……
學民黨
但我們卻被追加修改弄得沒辦法下版，一直加班到深夜了呢。
哈哈哈
唉……也沒關係啦。
為了各位……

藍圖

以類比方式製版時，將膠膜面與藍圖紙的感光面疊在一起，以紫外線感光後通過藍圖機，隨著感光程度的不同，會在藍圖紙上呈現出不同濃度的藍色。這種複寫圖就稱作藍圖，進行單色印刷品的打樣時常會使用這種方法。

超值星期五

晨會
今天是超值星期五，大家早點回家吧。
……
好
傍晚
話是這麼說，月底怎麼可能早點回家呢……
假裝回家，繼續在咖啡廳工作吧……
喀搭喀搭喀搭喀搭
歡迎光臨——
咦?!
辛苦了~
客人全都是我們公司的員工!!
連課長都來了!?

考試會考（?!）

基本印刷用語 025

色彩樣本

送印時用來校對顏色的樣本。可以是印刷品、照片，也可以是商品實物。特別是化妝品或衣服之類，對於如實呈現顏色有十分嚴格要求的產品，通常會附上實物樣本作為對照，印刷時的色彩校對也相當辛苦。如果印刷寫真偶像照片時有實物樣本的話，那倒是滿讓人高興的……。

今天去的是一家對顏色要求很嚴格的汽車製造商，拿回手冊責畢稿（P25）的回稿。
咦？
這是色彩樣本，好像不太一樣耶～
你看!!
讓我看一下……
翻動翻動
有樣本的話，一開始就要拿出來啊……
有時客戶會在最後一刻才把色彩樣本拿出來……
印刷業務七道具 筆型放大鏡
噹
嗯～～CMYK的C要再多一點，Y要再少一點對吧……
用放大鏡檢查顏色時，印刷業務員看起來會專業許多（我覺得啦…）。

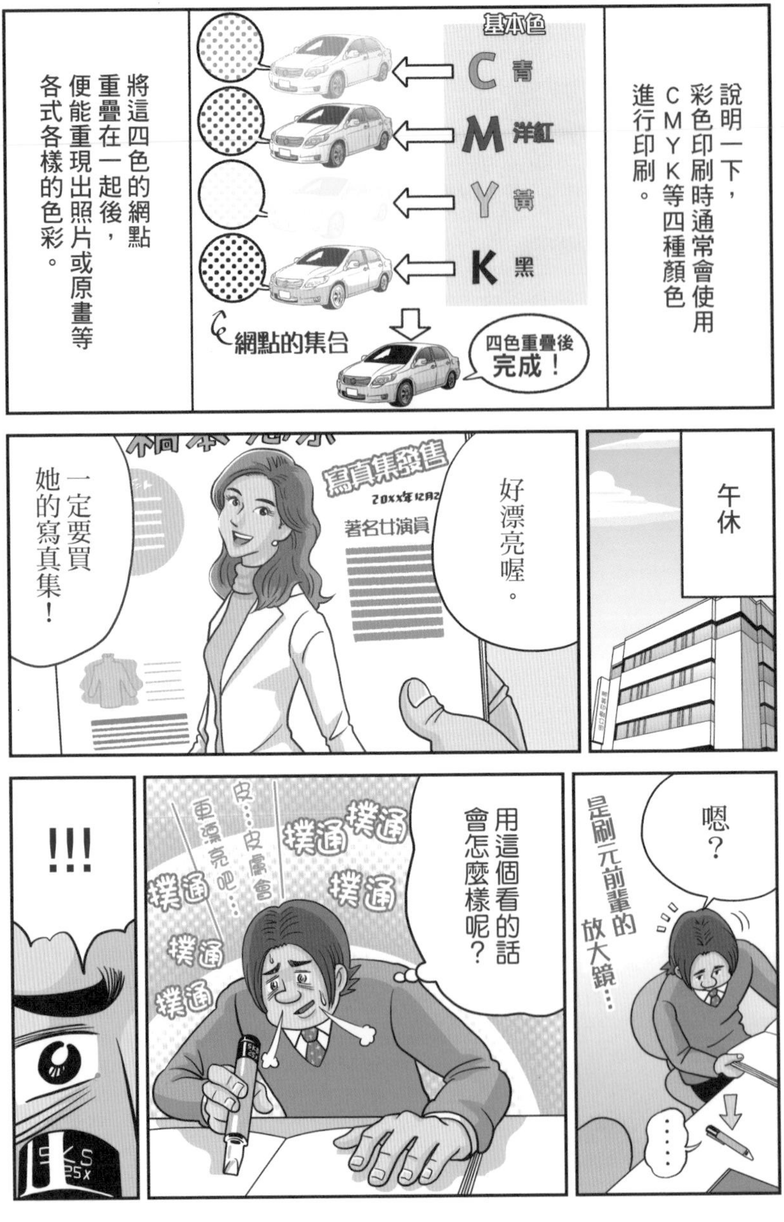
說明一下，彩色印刷時通常會使用CMYK等四種顏色進行印刷。
基本色
C 青
M 洋紅
Y 黃
K 黑
網點的集合
四色重疊後完成！
將這四色的網點重疊在一起後，便能重現出照片或原畫等各式各樣的色彩。
午休
寫真集發售
著名女演員
好漂亮喔。
一定要買她的寫真集！
嗯？
是刷元前輩的放大鏡…
……
用這個看的話會怎麼樣呢？
噗通
噗通
噗通
噗通
噗通
噗通
皮…皮膚會更漂亮吧…
!!!

考試會考（?!）

基本印刷用語 026

CMYK轉換

數位影像的顏色是由RGB組成。但因為印刷用的顏色是CMYK，故印刷時需轉換成印刷用的資料。用Photoshop（P85）之類的軟體可以簡單地完成這件事，但用軟體轉換時可能會發生「色偏」，要特別注意。各印刷公司通常都有自己的色彩描述檔（P82），盡可能降低轉換時的色偏。

考試會考（?!）

基本印刷用語 027

網點角度

網點的排列方向與垂直軸或水平軸之間的角度。單色印刷時，為了使網點的存在不要那麼明顯，通常會設定為45度。多色印刷時，為了防止產生莫列波紋（P77），會將每個顏色的網點會設定成適當的角度。

那個漂亮的肌膚呢……
這什麼啊？
25倍的世界
哈哈哈，那是印刷的網點喔。
是說你居然不知道啊？
我以前都是看著這堆網點在興奮嗎……
回憶
撲通
啊～還是看網路上的影片好了！
搜尋……
Gaagla
影片 免費
GetGet
嗯，嚴格來說那也是由RGB的點所組合而成的喔。
吸～
光的三原色
R（紅）
G（綠）
B（藍）
混合出顏色
……

那……真正的女孩子呢？
用放大鏡看小凜的話，怎麼樣都不會變成網點吧…
嘿嘿嘿嘿
嚴格來說，人類也是由名為細胞的網點組合出來的喔…
吸
呵呵
細胞
想像~~
啊~別再說了啦~
哈哈哈哈哈
開玩笑的啦—
當這兩人還在開無聊的玩笑時，公司二樓……
2F 製版部
藍川，責畢稿放在這囉~
我要去吃午餐了，交給妳囉~！
好的！
責畢稿
內頁1~3台
這時還沒有人知道，這份責畢稿將會帶來一場如噩夢般的失誤。

考試會考（?!）

基本印刷用語 028

網點擴大

網點大小比預期大的現象。膠印（P26）是用壓力壓印，故實際的網點會比資料略大一些。要是網點擴大的程度過大（網點擴大異常）的話，會使成品的顏色過濃，色調不良。網點擴大異常有多種可能原因，包括高密度網點、油墨、用紙等。

考試會考（?!）
基本印刷用語
029

年終截稿

即使是每天不眠不休持續工作的印刷公司，過年時還是會好好休息的。因此到了年終，進稿的截止日期也會往前挪，這就叫做「年終截稿」。雖然各編輯們或作家們可能會覺得時間變得有些吃緊，但印刷公司平常就一直在趕交貨時間了，可說是彼此彼此。順帶一提，現在的我可以同時體會到兩邊的心情。

今天是那美印刷業務部的尾牙。
乾杯乾杯
哈哈哈哈
嘻嘻 鬧鬧
哈哈哈哈
安藤…
刷元沒來嗎？
社長！
那美印刷公司
董事長兼社長
那美丁介
其…其實呢…
數小時前
課長！
嘎—
嘎—
嘎—

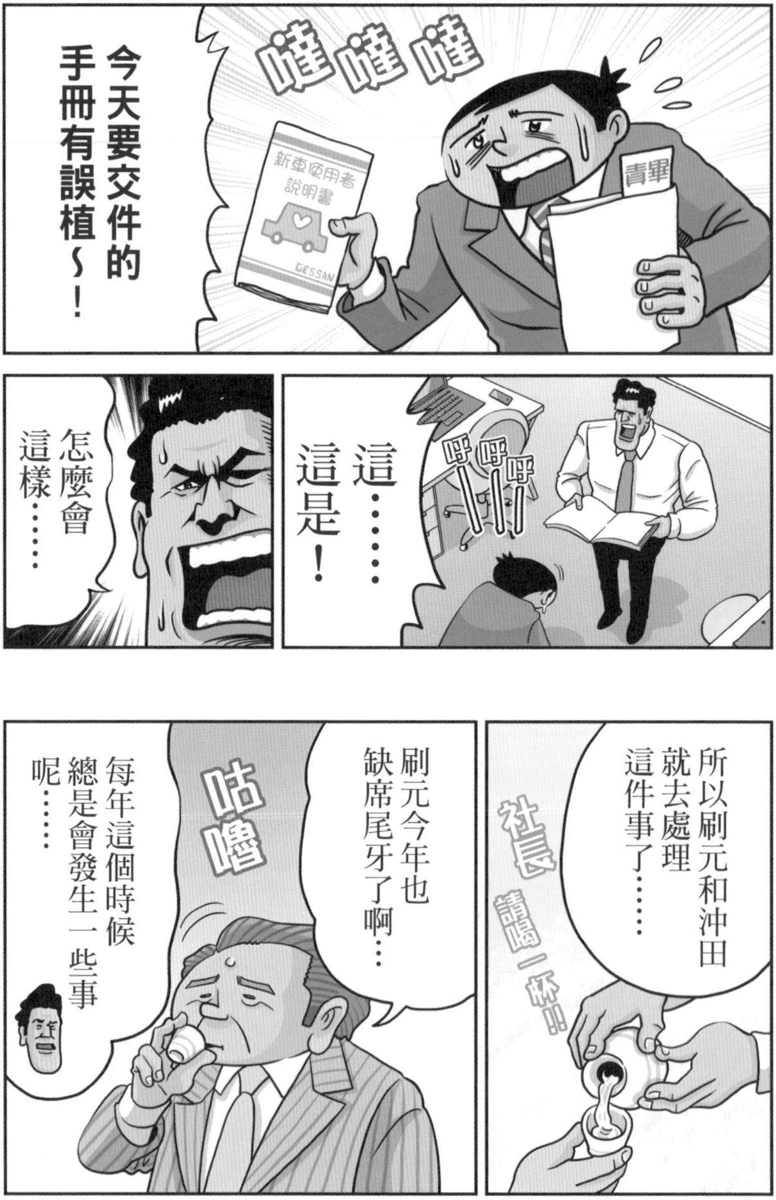
噠噠噠
今天要交件的手冊有誤植～！
新車使用者說明書
GESSAN
呼呼呼
這……這是！
怎麼會這樣……
所以刷元和沖田就去處理這件事了……
社長請喝一杯!!
咕嚕
刷元今年也缺席尾牙了啊…
每年這個時候總是會發生一些事呢……

考試會考（?!）

基本印刷用語 030

PS版、曬版

預塗式感光平版，是指平版印刷時，直接裝在印刷機上用來印刷的版，以稱作presensitized plate的鋁版製成。下版資料需經過曬版處理後才能開始印刷。故印刷公司的業務員最怕的就是半夜時從「曬版部」打來的電話。

考試會考(?!)

基本印刷用語 031

自動排版

印刷領域中，指的是排版的自動化。排版系統可依照既定格式、規則，以特定程式將文字及其他內容排列在版面上。當然，也可以用人工方式將一個個物件排列好，但自動排版可大幅縮減時間與成本，也可大幅降低錯誤的機會。

那是什麼樣的誤植呢？
來，你也喝吧
好的
這個嘛，只是很小的錯誤啦……
這時候……
搖晃
我回來了~
刷元前輩，您辛苦了！怎麼樣？對方怎麼說？
……
噠噠噠…
這次是今年最生氣的一次……
嗚哇~
咚

考試會考（?!）

基本印刷用語 032

重印

對於印刷公司的員工來說，沒有比這更讓人覺得無奈的事了。如字面所示，就是「重印！」的意思。要是印刷時出了什麼問題，導致產品不良的話，就只能重印了。必須重新準備用紙，白白浪費掉一堆金錢與時間。

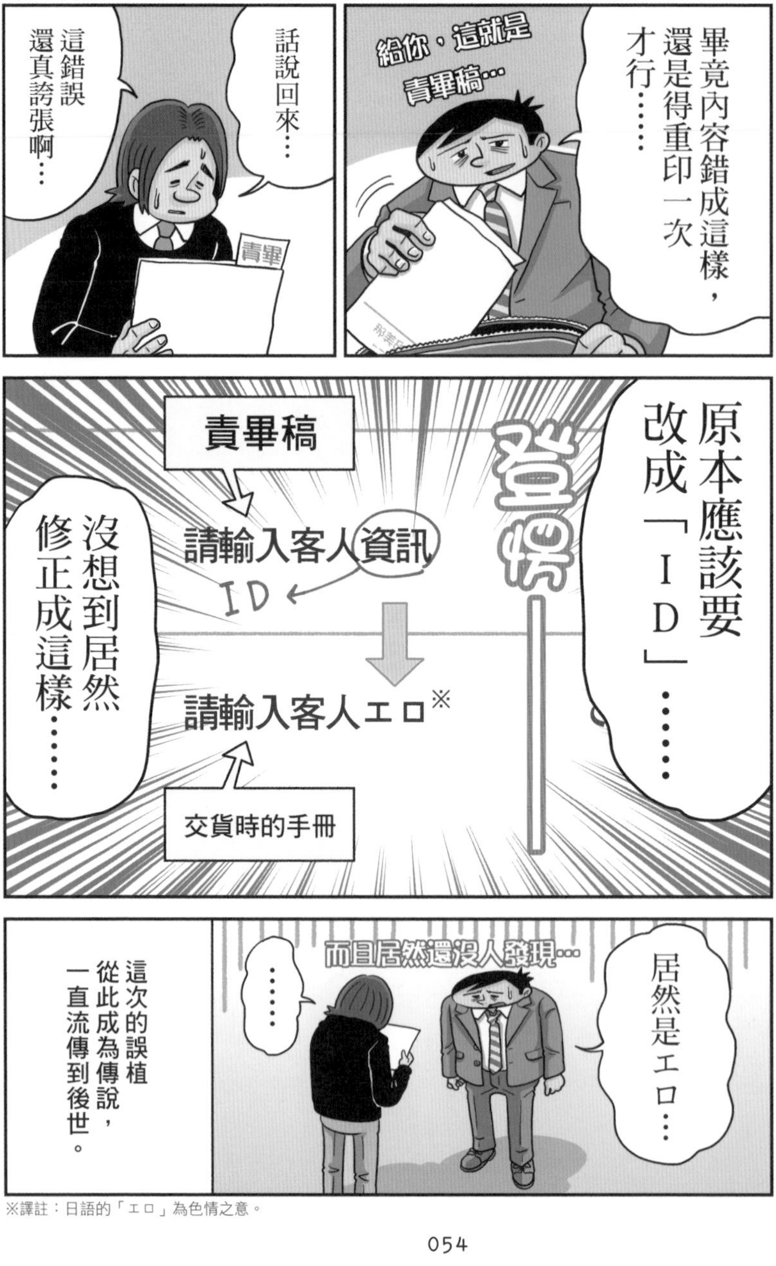
畢竟內容錯成這樣，還是得重印一次才行……
給你，這就是責畢稿…
話說回來…
這錯誤還真誇張啊…
責畢
原本應該要改成「ＩＤ」……
登愣—
責畢稿
請輸入客人資訊
ID
請輸入客人エロ※
交貨時的手冊
沒想到居然修正成這樣……
居然是エロ…
而且居然還沒人發現…
……
這次的誤植從此成為傳說，一直流傳到後世。

※譯註：日語的「エロ」為色情之意。

考試會考（?!）
基本印刷用語
033

對比、彩度

對比指的是影像的明暗差異。對比越強，明暗差異越大，看起來更有銳利感。彩度則是影像的鮮豔度。最近許多智慧型手機的影像app都可以調整對比與彩度，用得好的話，你也能成為修圖魔術師！

今天是過年休假的最後一天，刷元一家人外出用餐。
………
嗯～……
……
快點決定啦，一張菜單是要看多久？
我肚子好餓喔～
爸爸快點啦～
抱歉啦！因為很在意這個東西……
什麼什麼？有很稀奇的餐點嗎？
你看這個肉，對比度再提高一些的話，看起來應該會更好吃吧？
而且，如果顏色可以再加一～點點紅的話……
國產牛沙朗
□□克
……
吼！別再管印刷了啦！什麼一～點點紅啦！很煩耶！
碰
印刷公司的員工們會很在意菜單的色調
不是啦～就是有點在意…

好好吃喔。
不好意思，請給我甜點的菜單。
嗯？
啊，這些看起來都好好吃喔～該選哪個呢～
翻動
Dssert Menu
這種紙很少見呢，重量大概有多少呢……
摩擦
摩擦
摩擦
摩擦
印刷公司的員工們為了瞭解紙張的厚度與質感，會一直用手指摩擦紙張。
嗯，是110磅吧!!
摩擦
摩擦
摩擦
順帶一提，想正確測量時，就會用到測微器。
印刷業務七道具
噹

考試會考（?!）

基本印刷用語 034

用紙厚度、重量

一般會用基重（g／㎡）或連量※（kg）來表示印刷用紙厚度。基重表示面積為1㎡之紙張的重量。連量則是1000張（紙板的話則是100張）全開用紙的重量。「連」就是1000張全開用紙的意思。舉例來說，若紙張的連量為135kg，那麼1000張這種全開紙的重量就是135kg。

※譯註：台灣亦有類似連量的概念，不過是以磅（lb）來表示500張全開紙的重量。

考試會考（?!）

基本印刷用語 035

品牌紙、特殊紙

膠印時最常用的紙包括銅版紙、雪銅紙、道林紙等。但依照製紙廠商的不同，同一種紙也有許多品牌。此外，還有許多以特殊方式製成的特殊紙。有時客戶或設計師會指定要用哪種品牌的紙張，若沒有特別指定的話，印刷公司通常會依照自己的偏好選擇。

吶——吶——，這種紙啊……
妳看妳看～
Gest restaurant
啊，糟糕!!
不滿 不滿 不滿 不滿
……
又來？紙又怎麼啦？
爸爸，甜點～
抱歉抱歉
印刷公司的員工看到少見的紙張時，就會想知道紙張的品牌和重量。
十分感謝您的光臨
嗯？這個廣告單的紙是……
於是第二天…
那美印刷
嗯——所以說……

今年也以健康第一為目標努力，大家一起加油吧！
那美印刷開工
拍手
拍手
新的一年，員工們各自在心中許下工作上的願望。
今年不要再接到客訴了…
請多保佑…請多保佑～～～
不要再犯錯了…
……
……
碎碎念
碎碎念
還有…薪水也希望能調高一些…
碎碎念
碎碎念
……
但這個男人卻另有想法……

考試會考（?!）

基本印刷用語 036

裝訂樣品

有些也會稱作「白本書」。印刷品，特別是要「裝訂成冊」的產品，會在正式印刷前以實際用紙製作樣品，以確認成品的樣子。通常裝訂樣品是未印刷的全白書冊。為確認大小、重量、書背寬等，有時會製作數種外觀略有差異的版本。順帶一提，不要的裝訂樣品通常會被當作筆記本或給小孩的塗鴉本！

考試會考（?!）

基本印刷用語 037

四六版、菊版

剛進入印刷公司的新人，首先要背下來的就是各種紙張原版大小。印刷用紙的版面大小可分為數種，主要包括四六版、菊版、A版、B版等。順帶一提，「四六版」是最基本的書籍版面大小，將原紙裁成32面，就是這種書籍的一頁大小。由於可以用32個4吋×6吋頁面填滿一張原紙，故自明治時期起便稱之為四六版。

這是在過年休假時發生的事……沖田在自家附近的書店買了自己首次負責印刷的雜誌……
嗯？
商管
經濟
執照
怎麼會這樣?!
時間回到現在
沖田啊~
一大早沒什麼精神喔…
發生什麼事了？還好吧？
公司內書籍用
規格書
出貨訂單
估價單
退貨訂單

……
翻找翻找
其實…
就是這個。
年終發售的…
メガネ男
啊！就是沖田負責的眼鏡雜誌嘛！
請看書口的地方！
咚
特別付錄
精選10個品牌!!
眼鏡男的穿搭解說
封面比內頁還短，內頁都跑出來了！
嗯，是沒錯…所以有怎樣嘛？
淡定
啥?!

考試會考（?!）

基本印刷用語 038

頁數編排

製作頁數多的印刷品時，必須經過頁數編排這個步驟。我們會把印在同一張紙上的頁面稱作「一台」，而編排頁數時，需分配哪些頁面要印在同一張紙上，以及各頁面的內容應該要怎麼印出。有時還會以圖表的方式呈現編排結果。也稱作落版。

平版

一種印刷技術。使用的印刷版幾乎沒有任何凹陷或凸起（平面狀）。印刷版上可分為親水性的部分與親油性的部分，印刷版沾濕後，油墨會被版上的水彈開，只會附著在親油性的部分（畫線部），然後轉印到橡膠滾筒上，再印刷到紙上。膠印（P26）也是平版印刷的一種。順帶一提，其他印刷技術還包括凸版、凹版、孔版印刷等。

刷元前輩！該不會是因為印刷失誤太多讓你感覺麻痺了吧？
這絕對是不良品吧！要是客戶發現的話絕對會被客訴吧？
呵
沖田啊，這是自然現象喔。
!?
自然現象？
這是新的藉口嗎？
說明一下，膠印印刷機可依照使用的紙張形式，分為輪轉式和平張式兩種。
沖田所負責的雜誌，依其需要，封面用平張式印，內頁則用輪轉式印。
132頁書籍的展開圖
封面4頁
內文16頁×8台
印刷量
少
多
平張機
輪轉機
印刷前紙張已剪裁成固定大小（平張紙）
紙張捲成巨大圓筒狀（捲筒式紙張）

捲筒式

輪轉式膠印印刷機所使用的紙為「捲筒紙」。簡單來說，就是像廁所衛生紙那樣捲成一筒筒的紙張。印刷時捲筒會一直旋轉，持續拉出紙張。順帶一提，平張式（單張式）印刷使用的是裁好的一張張印刷用紙，就像面紙一樣。

捲筒式印刷機在印刷後會直接進行摺疊加工，故印上油墨後會用熱風強制乾燥。
簡圖
輪轉機
印刷
熱風
摺疊裁切
摺疊後的印刷品
隆隆隆
呼
紙張
強制乾燥後的內頁在裝訂後會吸收空氣中的水分，使其變得比封面還要長一些，這是自然現象。
裝訂時裁切
封面
平張式印刷後，封面還沒完全乾燥…
吸收水分後的內頁會逐漸伸長!!
原來這不算印刷失誤嗎…
只是紙張拉長啊…
過年休假中的沖田
啊～開工就會收到客訴了吧……
消沉
沒錯，太好了不是嗎！
微笑
一點都不好！
咬牙
咦?!
休假時我一直在意這件事，根本沒心情放假啊！
不…不行吧!!
現在可以重新放一次假嗎？

考試會考（?!）
基本印刷用語
041

印刷前作業

印刷（press）前（pre）的工作。包括企劃、設計、排版、版下、製版、曬版等工作與作業，總稱印刷前作業「prepress」。在DTP技術的發展下，已可靠電腦完成所有印刷前作業。對於印刷品來說，印刷前作業是相當重要的工程，可以說是印刷品的血肉。

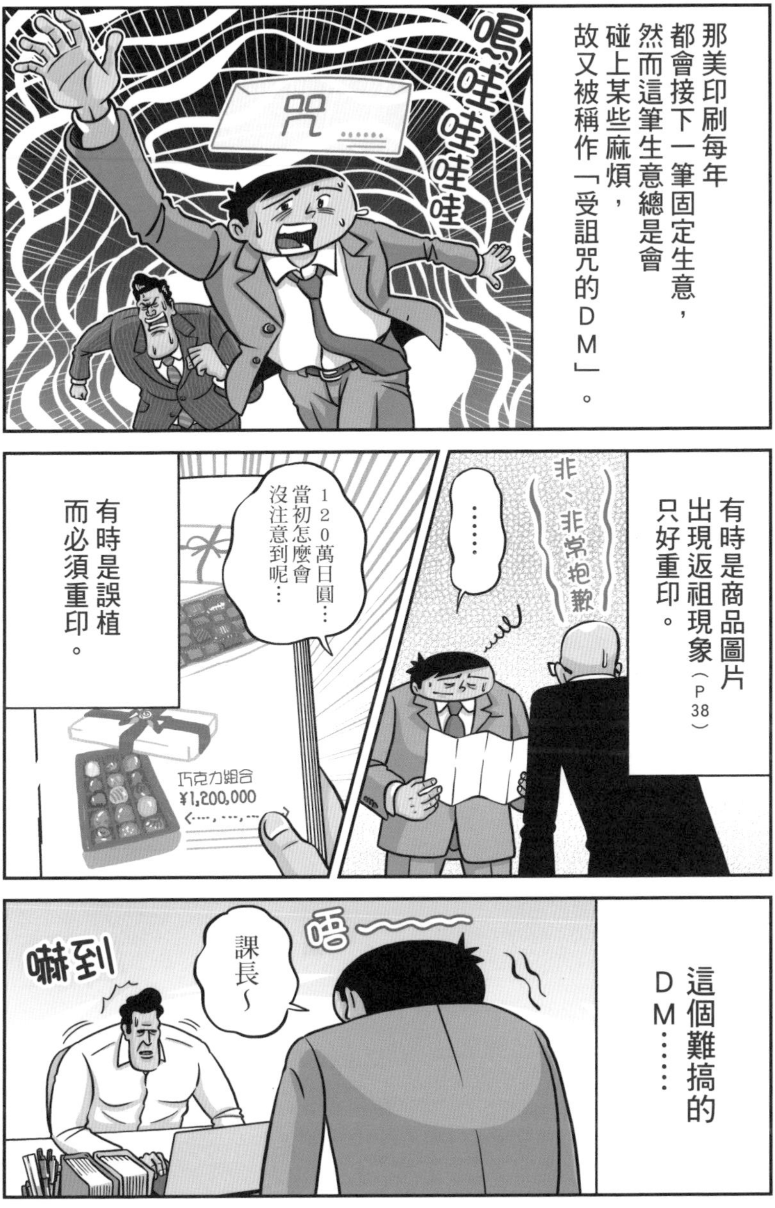
那美印刷每年都會接下一筆固定生意，然而這筆生意總是會碰上某些麻煩，故又被稱作「受詛咒的DM」。
嗚哇哇哇哇
咒
有時是商品圖片出現返祖現象（P38）只好重印。
非、非常抱歉
……
有時是誤植而必須重印。
120萬日圓……當初怎麼會沒注意到呢……
巧克力組合
¥1,200,000
這個難搞的DM……
唔～～
課長～
嚇到

考試會考（?!）

基本印刷用語 042

直接輸出

讀取數位資料後，藉由高精密度的碳粉及雷射印表機直接輸出產品的印刷方式。由於是用電腦讀取數位資料後直接由印表機印出，不使用印刷版，故適合交期短、量少的印刷品。不過卻有著印刷色調不穩定、顏色滿版的區塊可能會產生斑紋等缺點。

很幸運的，今年由刷元負責！
這次也由我們得標啊……
どよ〜ん
今年也是我們得標啊…謝天謝地…
明明出了那麼多次紕漏…
好！既然要做就好好把產品做出來吧！
好、好的！
嘎－嘎－嘎－嘎－
啊－啊－啊－
於是，刷元召集了公司各部門負責人，開了一場品質會議。
上次失誤的原因是…
今年也得由我們裝入信封封緘…
要注意的有…
禁菸
○○公司手冊DM
內容物、規格

追加修改

印刷公司常常會用到這個字，甚至會特地刻一個寫著「追加修改」的印章。順帶一提，這也是印刷公司員工最不想聽到的關鍵字之一。特別是在下版之後如果還要追加修改的話，不只是業務員，連製版、印刷等所有部門的工作人員都會感到無力，使廠內的唉聲嘆氣此起彼落。

咦?! 今晚拿不到回稿？等一…
喝太多了吧？
嗝～
ダダダダダ
※噠噠噠
為了解開
DM上的「詛咒」…
又是追加修改。
是要修改幾次啊…
好的
攤開
那美印刷的職人們也團結在一起！
不好意思，這裡的色調還是…
嘎嘰嘎嘰
我知道啦！安靜點看著！
於是DM終於發送至全國各地了…
刷元～
稀哩嘩啦
雨下很大喔～以前曾有過DM淋濕破掉的客訴……
這次還好嗎？

之前已經和宅配業者確認過了，沒問題喔！
哈哈哈哈
震震
豎起
……
是！我是刷元，一直以來受您照顧…
咦?!
驚嚇
好…好的，我馬上調查，好…之後向您報告…
真不想問發生什麼事
怎麼啦？刷元……
撲通 撲通 撲通
客戶說DM內印到「毛」…
而且那個毛…
!!
真的是受詛咒的DM…
不小心印到的毛

考試會考（?!）

基本印刷用語 044

字距、行距

字距就是文字與文字的間隔，或者說假想的文字框與另一個文字框之間的距離。字距為0時又稱作「緊密排列」。行距則是文章內行與行之間的間隔。說到這個，也有人會把作者真正想傳達，卻沒寫在文字內的意思稱作「字裡行間的意義」對吧。

考試會考（?!）
基本印刷用語
045

黏頁

印刷成品在存放（堆成一疊疊）時，由於油墨沒有完全乾燥，還留有黏性，使相鄰頁面黏在一起。若硬是把黏在一起的頁面撕開，會破壞到印刷的圖文。造成這種現象的原因包括保存環境的高溫高濕、油墨過多、噴粉不足等。

藍川凜為了確認刷元負責的電器製造商型錄的責畢稿而加班中，但她似乎發現了什麼問題！
啊……
怎麼了？
!!!
數分鐘後
墨賀先生，急著叫我們來有什麼事嗎？
喀噠喀噠
這種時候發生印刷失誤……
瞄
是藍川發現的……商品規格說明的文字顏色……
躁動
躁動
小凜
這是！
登愣
顏色
C 60 %
M 40 %
Y 40 %
K 100 %
閃
亮
四色黑!!
(Rich Black)
耶
Rich? Black?
很黑又很有錢的大叔嗎？

考試會考(?!)
基本印刷用語
046

色版錯位

多色印刷時，各色位置沒有配合好、「規矩線」（P34）錯位、使整個版面中某個顏色的網點全部偏離位置。色版錯位會使影像整個變調，也會使「挖空」（P142）的部分露出白底。

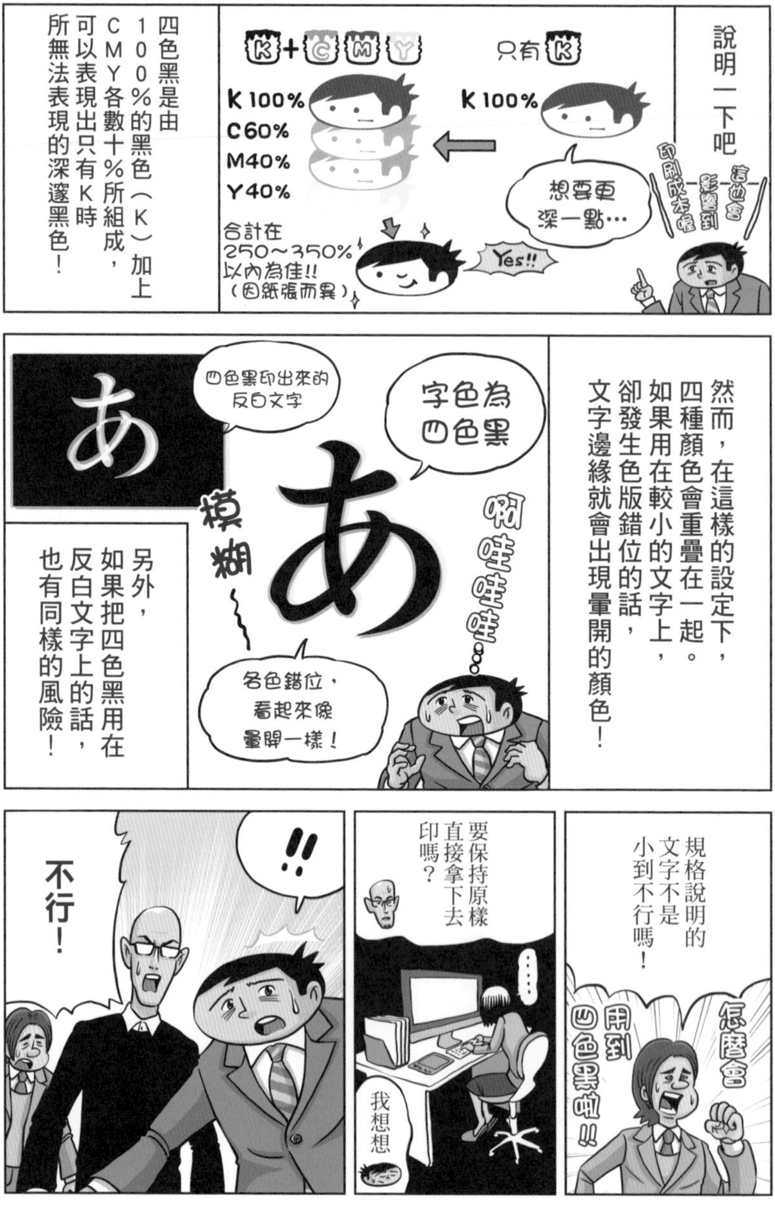

考試會考（?!）

基本印刷用語 047

四色滿版

CMYK（P48）四個顏色都是100%的狀況，看起來就像全黑一樣。但如果照這樣印下去的話，油墨很難乾，故很容易發生各種印刷失誤。所以若要表現出黑色，請使用單色黑或者是四色黑！萬事拜託了！

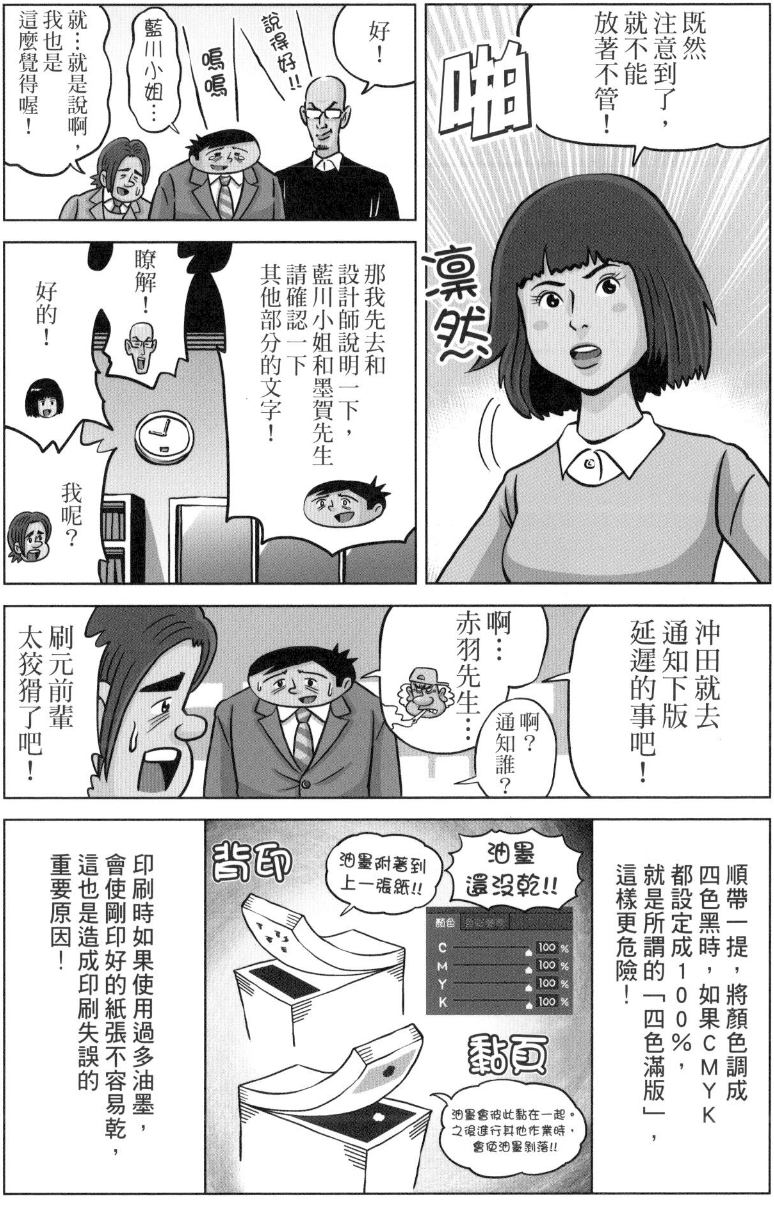
既然注意到了，就不能放著不管！
啪
凜然～
好！
說得好!!
嗚嗚
藍川小姐…
就…就是說啊，我也是這麼覺得喔！
那我先去和設計師說明一下，藍川小姐和墨賀先生請確認一下其他部分的文字！
瞭解！
好的！
我呢？
沖田就去通知下版延遲的事吧！
啊？通知誰？
啊…赤羽先生…
刷元前輩太狡猾了吧！
順帶一提，將顏色調成四色黑時，如果CMYK都設定成100%，就是所謂的「四色滿版」，這樣更危險！
油墨還沒乾!!
油墨附著到上一張紙!!
背印
顏色
C 100 %
M 100 %
Y 100 %
K 100 %
黏頁
油墨會彼此黏在一起。之後進行其他作業時，會使油墨剝落!!
印刷時如果使用過多油墨，會使剛印好的紙張不容易乾，這也是造成印刷失誤的重要原因！

深夜
結束了——
辛苦了！確認好ＰＤＦ最終版面後就可以下稿囉！
小凜辛苦啦～
好的！
藍川小姐，這次真的幫了大忙喔！
辛苦妳了
工作到那麼晚，真是謝謝妳！
不會…話說回來，刷元先生…
凝視——…
藍川的視角
從剛才開始就覺得刷元先生看起來好像有點色版錯位…
咦?!
模糊～～～
刷元先生也用了四色黑嗎？
……
……
……
藍川小姐妳還好嗎？
藍川！我給妳計程車券快回家吧！

ＰＤＦ最終版面

不同公司的稱呼可能不太一樣，不過一般會將印刷用的資料輸出成ＰＤＦ檔案，稱作「ＰＤＦ最終版面」，表示這個檔案的樣子與最後印刷成品的樣子完全相同，用於下版前的最終確認。在下版日的深夜，以「交叉法」（Ｐ42）確認稿件時，用的就是ＰＤＦ最終版面。

令人懷念的
瀕臨絕種
印刷用語
003

網片修改

在那個還要網片製版的時代，當版上文字等有誤時，會將該處的網片切下來，再將寫有正確文字的薄網片貼回去。隨著製版數位化時代的到來，這種網片也逐漸消失。現在知道這東西的人已經很少了。

番外漫畫

印刷男孩的暑假①

交給你了。
暑期休假
業務代理書
沖田
↑
刷元
8月29日
我都整理在這裡了……
收到！
今天刷元前輩就早點下班吧！
刷元從明天開始放一個禮拜的暑假。
嗯！那就拜託你們囉！
剛才下版的手冊……
圖片……圖片它~
刷元——!!
煞
車
嚇到
嚇到
唉—
沖田……看來今天也要加班了……
是啊……

MO 進稿

「MO」是一種用雷射光與磁力記錄資料的媒體，又叫做磁光碟。這種光碟有5吋、3.5吋等規格，以板狀卡匣收納。可以多次重覆讀寫，在USB快閃記憶體、DVD、HDD等儲存裝置還未普及時，常用MO作為進稿時的儲存媒介。

番外漫畫
印刷男孩的暑假②

暑假第一天
砰
爸爸～來玩吧～
鼾——鼾——
……
爸爸昨天也加班到很晚，讓他多睡一點吧。
第二天
砰
爸爸～去游泳吧～
呼呼呼呼
……
媽媽帶你去吧……
第三天
早安～
!!
ジロッ
※瞪
早安？
已經過中午了！
爸爸一直在睡覺好無聊喔！
唧——唧——唧——
抱……抱歉啦～

考試會考(?!)
基本印刷用語
049

網版印刷

印刷版本身開有許多孔洞，使油墨能穿過這些洞印在物體上，是「孔版印刷」的一種。過去會用絲做成的布當作印刷版的材料，故也稱作「絲網印刷」。網版印刷可印在非紙類的材質上，甚至可以印在曲面上，我們的周圍有許多例子，像是T恤、金屬罐、塑膠、玻璃紙品等。此外，也作為一種藝術表現方式為人所知。

雖說有點突然……但那美印刷好像發生了什麼大事！
……
……
……
喀嘰 喀嘰 喀嘰 喀嘰 喀嘰 喀嘰 喀嘰 喀嘰 喀嘰 喀嘰
數小時前
喀拉喀拉
刷元前輩，手冊的樣品寄來囉！
好！快來檢查吧！
真快耶!!
快點做完下班吧！
嗯！
呵呵呵…
商品顏色也印得很漂亮！
是啊！
翻動
翻動
HEADPHONE
啊!!
!!

這…這是…
嗚
喔喔喔喔喔喔
Contents
說明
背印!
說明一下，背印指的是印刷後的紙張堆疊在印刷機出紙口時，因為某些原因，使未乾燥完全的油墨印到其上方紙張背面的現象!
印刷條件、環境、紙張種類、油墨量都可能造成影響!!
所謂的背印…
油墨附著到上方紙張的背面!!
油墨量
溼度
噴粉
紙張
油墨還沒乾…
剛印刷好
第69頁也有稍微提到……
這時候，印刷業務員們就會……
喀嘰
喀嘰
喀嘰
喀嘰
喀嘰
喀嘰
出動「唰唰隊」!
唰唰
……
……
……

考試會考（?!）

基本印刷用語 050

UV印刷

「UV」就是紫外線。利用UV油墨照到紫外線時會硬化的性質進行印刷，就叫做「UV印刷」。由於油墨會瞬間硬化，故可應用在油墨不容易乾的特殊紙上，也常被用在資料夾、包裝上。此外，由於不會排出揮發性有機化合物，對環境也比較友善。

考試會考（?!）

基本印刷用語 051

重複印刷

將已經印過一次的印刷品拿去再印刷一次。像是在已經印了文字的信封上，再加印公司名稱與商標，或者在已印有內容的手冊及廣告單上，再加印店名之類的。另外，用四色來印刷單面廣告單有時也叫做重複印刷。順帶一提，也有人把這叫做「追加印刷」。

「唰唰隊」的隊員們會用美工刀唰唰唰地，將背印產生的髒污刷得一乾二淨，是一群極機密部隊！
唰唰
盡可能不要傷到紙張……
唰唰
唰唰
唰唰
背印的油墨
紙張
用美工刀慢慢削掉……
唰唰
唰唰
唰唰
再將削下來的油墨渣吹走…
懷抱著真心誠意吹掉渣渣！
フーーーッ
※呼
飛散
順帶一提，也存在所謂的「擦擦隊」。
啊，這個應該可以用橡皮擦擦掉吧！
HEAD PHONE
但是……
喔——印得很棒耶！
轟隆隆隆隆隆
大型廣告代理商「電學堂」

真不愧是那美印刷啊…
沒有啦…哈哈哈哈
13
嗯？
電學堂
藝術總監
月野光介
!!!
那是有唰唰擦擦過的地方……
驚嚇
刷過擦過的地方會削去一小部分的紙張表面，故照光時反射情形與其他部分會有些差異！
看
沙
不…不能斜斜地看啊！
刷元先生…
回頭
你做了什麼吧？
非…非常抱歉…
一點題外話，有人說指甲油用的去光水可以更徹底地消除背印情形……
去光水
200mL
登
信不信由你！
指

考試會考（?!）

基本印刷用語 052

全像攝影用紙

這種紙有著金屬色的光澤，且隨著觀看角度的改變，影像也會有不同變化。許多遊戲、收藏用的卡片，或者是角色、人物卡會用這種紙製作。印製這種產品時，若不希望某些部分有全像效果，會先用白色印過，再以四色印刷圖文。日本曾風靡了好一陣子的「聖魔大戰巧克力」所附贈的卡片，就是用全像攝影用紙印成的。

考試會考（?!）

基本印刷用語 053

莫列波紋

呼
呼
呼
噠噠噠
磅！
呼
呼
呼
呼
沖田，我回來了！快把印出來的東西給我！
抖~~
刷元前輩，你看……
這…這是?!
夏のシャツ特集!!
莫列!!!
嗚啊啊啊啊啊
紋路~

由規律性交錯重疊的點和線所形成的波紋。印刷時，若各色網點之間產生干涉效應的話，就會產生莫列波紋。順帶一提，莫列（moiré）是法語「波狀」的意思。讓印刷男孩們感到恐懼的莫列波紋，與義大利語的「amore」（愛）可是不同東西喔。

模擬打樣、噴墨樣

使用實際印刷機、油墨、紙張印刷出稿件進行校正，就叫做「模擬打樣」。而使用大型噴墨印表機及專用紙列印出來的稿件，則叫做「噴墨樣」。模擬打樣的顏色比較好看，噴墨樣則比較省成本與省時間。如果把噴墨樣稿當作「色彩樣本」拿給印刷廠的話，業務員會被印刷廠人員大罵「別鬧了好嗎！」

說明一下，莫列波紋是兩種規律紋路重疊在一起時所產生的干涉紋路！
莫列(moiré) 源自法語，是波浪狀紋路的意思!!
moiré~~~
印刷時使用的網點是由許多規則排列、間隔相同的點組成，印出某些圖樣時，各色網點之間會發生干涉，導致莫列波紋的產生。
嗚~
原因有很多種，可能是圖片本身問題，或印刷時色版錯位!!
啊~
校正時明明沒看到這種波紋的啊……
因為是噴墨樣吧……
噴墨樣是用印表機及專用紙張，直接將數位資料輸出的彩色校正稿！
噴墨樣
低成本
短交期
這種校正稿與使用實際紙張及油墨印刷的機械打樣、模擬打樣不同，有時會沒辦法呈現出莫列波紋！

考試會考（?!）
基本印刷用語
055

放損

在印刷、加工作業中，總是會出現「無法作為成品使用的印刷品」，也就是廢品。因為破損或髒汙而無法使用的紙張會稱作「放損紙」。社會人士也為了不被叫做「廢人」而每天努力著，想必也沒有人希望家裡有個「廢物老公」或「廢物老爸」吧？

嗚哇～有條紋的地方幾乎都有莫列波紋…
也算是難得…
啪啦
……
這該不會代表著……
吞口水
得重印了呢……
既然這麼嚴重的話…
所以得先停止裝訂工作，重新印刷才行。
加班確定
這樣啊…
又要重印啊……
另外，課長啊…
驚
嗯？
……

線數

有時也會稱作「加網線數」，指的是1英吋的網點數。單位為「線」或者是「lpi」（line per inch），線數越高就能印出品質越好的成品。一般來說，彩色印刷的lpi為175線；報紙為60～80線；雜誌與書籍的單色頁面則是100～150線左右。

今天的衣服條紋也太多了吧？會產生莫列波紋喔！
心浮氣躁
磅—
蛤？
沖田從這天起，變得非常討厭條紋……
!!
震~震~震
是，我是刷元。
嚇到
該不會又出了什麼意外吧？
啊—月野先生，一直以來受你們照顧了！
估價單
致 電學堂公司
○○合作寫真集
欸——！
嗚哇
真的嗎？

考試會考（?!）
基本印刷用語
057

特別色

除了四色油墨（CMYK）以外的特殊顏色，需使用已調製好的特殊油墨進行印刷，可呈現出四色油墨所無法呈現出來的顏色。特別色可能會取代四色油墨中的其中一種顏色，或者作為追加色版進行印刷。使用特別色印刷時，需使用特別色專用的版。

好的，我瞭解了，那麼就先這樣。
電學堂 月野先生
TAP!!
桃…桃井麻耶的寫真集…確定要給我們印了！
嗚喔
喔喔喔喔喔喔喔
很好!!
!!
桃井麻耶是常出現在電影與廣告上，現在最有人氣的偶像演員！
ドーン
※登
100年にひとりの逸材
※百年一見的美少女
這次桃井麻耶要為食品、服裝、電器等多家廠商代言，推出一本大型合作寫真集！
刷元從數個月前就接下這個企劃，並依照電學堂月野的要求，提供估價單。
紙張種類 × 10種
頁數別 × 5種
本數別 × 10種
共500項估價…
今日中か…
ひぃ～～～
單價表

※今天要完成嗎…
噫～～～

興奮
太幸運了！我可是麻耶的忠實粉絲喔！
我也想幫忙 可以嗎！可以嗎！
哈哈哈，知道了啦!!
刷元…如果是偶像寫真集的話，記得要通知那個人一聲…
點頭
好的…
於是……
到了寫真集的圖片進稿日。
開門
讓你們久等了——
啊！沖田先生也在!!
還沒公開的麻耶照片…
好的
您好
嘿嘿嘿嘿
興奮
興奮
興奮
這就是輸出的樣品！
我先說明一下
啪沙
咦？
大驚
!?

考試會考（?!）

基本印刷用語 058

色彩描述檔

將RGB影像轉換成CMYK時，使轉換後影像所呈現的顏色，與螢幕上以RGB模式顯示的顏色差異最小化的功能。業界中有某些常用的色彩描述檔（如Japan Color 2001等），不過印刷公司通常會整合油墨、紙張、印刷機的使用經驗，自行製作色彩描述檔。

考試會考（?!）

基本印刷用語 059

色版

指的是影像資料中各顏色資訊的色版。在Photoshop建立新檔案後就會自動生成色版。色版數會隨著影像的顏色模式而改變。CMYK影像中包含了四種顏色各一個色版，以及將四色合在一起的混合色版，編輯畫面時會用到混合色版。

ガタンゴトン ガタン
※喀噹
不過，為什麼會交給我們來做呢…而且還修圖修那麼大…
要是掉了可就慘了…
撲通 撲通 撲通
一點題外話，印刷業務員拿著原稿搭電車的時候，會異常地警戒周圍狀況。
就是因為修圖修很大才選我們的喔…大概…
不用了!!
請坐。
咦？什麼意思啊？
因為那美印刷製版部內有那個人在啊！
那個人？
?
那位修圖「魔術師」！
ゴゴゴゴゴ
※喀噹 喀噹

考試會考（?!）

基本印刷用語 060

雙色調

Photoshop的雙色調功能，使用K以外的1～4種顏色，以灰階（P88）的方式印出圖像。不是使用各種不同的灰色呈現，而是用不同濃度的各種顏色來呈現。這種方式可以呈現出柔和、豐富的畫面，還有凸顯出陰暗部分之細節的效果。

考試會考（?!）

基本印刷用語 061

DTP 三大軟體

最常被用來製作DTP的三個軟體，分別是Adobe公司的Illustrator、Photoshop、InDesign。大致上來說，Illustrator用來製作圖形、Photoshop用來修飾影像、InDesign則用來排版。

刷元與沖田回到公司二樓的製版部，準備將偶像演員桃井麻耶的寫真集圖片進稿。
……
那麼，就麻煩你了！
灰島先生…
碎念 碎念 碎念
在皮膚打光…陰影的話…這裡要模糊一點…
製版部 修圖負責人
「修圖魔術師」
灰島亮太
這個人…沒問題吧…
碎念碎念 碎念 碎念
靜—
……
交給我們吧！灰島你說對吧？
咚
碎念 碎念 碎念
那個…可以讓我參觀一下修圖過程嗎？
想多學習…
哦！沖田！很認真耶！
佩服佩服！
欸嘿嘿嘿
應該只是想看麻耶的照片吧…

考試會考（?!）
基本印刷用語
062

仿製印章

「幫我把圖裡的這個東西弄掉！」、「把偶像這裡的肌膚弄得漂亮一點！」若你有這樣的需求，可以使用Photoshop的「仿製印章」工具。它可以將影像指定部分的材質複製下來，再貼到其他地方，故可用來消除不想看到的部分。此外，也可用來將多個影像合成在一起。

於是開始參觀
嗯？為什麼螢幕旁邊有東西圍著？
喔—
那是為了防止反射的遮光罩啦。
遮光罩
灰島，先從這個地方開始吧。
消除黑色髒污
啪
盯——
……
用仿製印章把皮膚…
碎念
碎念
啪
喔——變乾淨了！
再來試試這裡吧！
腰身萬事拜託了!!
「萬事拜託」咧…還真是誇張啊。
這裡的重點在於讓輪廓看起來自然一些…
碎念
碎念
碎念
應該還是會不自然吧…
撲通
撲通
啪
嗚哇——!!
太完美了!!

考試會考（?!）

基本印刷用語 063

影像修飾

修飾數位影像的資料（修圖）。像是合成影像、特效加工等作業也可算是影像修飾的範圍。修圖軟體中最具代表性的是Photoshop，不過我們常用的智慧型手機中，有些app也有簡易的影像修飾功能，某種程度上也算是修圖的一種。

沒想到會修那麼多……
再次衝擊……
別再看比較好喔!!
沖田，該走了吧。
好的……
可是，刷元前輩，
灰島先生為什麼被叫做魔術師呢？修圖不是很多人都會嗎……
4F業務部
這是我進公司前的事了……
還要訂印刷用紙才行…
啪嘰
啪嘰
以前灰島先生負責過某個偶像寫真集，他連沒有被指示修改的地方都修過圖了……
雪銅紙110kg…
咦！這樣不是會被客訴嗎！
啪嘰
啪嘰
啪嘰
一般來說是會啦……但看到成品的偶像本人說……
我…我會努力變得像這張照片一樣漂亮！
咦—
在那之後，那位偶像靠著自己的努力改造了一番，現在成為了國家級的著名演員，活躍於各個領域！
本…本人把照片當作目標努力啊…
在那之後，灰島先生就被稱作是修圖魔術師囉。
這樣啊…真是個厲害的人呢…

到了寫真集色彩校正出校日…
電學堂本部大樓
太漂亮了…果然交給那美印刷是對的……
攤開
嗯？
咦？沒有…怎麼沒有！
啪
這張也是…這裡也…
下巴上的痣是麻耶的賣點耶…居然消失了～！
嗚喔喔喔喔喔
拜灰島的魔術所賜，刷元花了一整天跑遍各個公司賠罪……

考試會考（?!）

基本印刷用語 064

灰階

僅使用白色與黑色間的各種灰色來表現明暗的方法，可作為明暗的基準。一般而言，螢幕上除了全白與全黑之外，還有254個可選擇的灰色，印刷時則會將其轉換成濃度為0～100%的K（黑）。若照片或其他影像欲以灰階印刷，便會以「灰階模式」進稿。

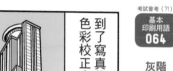

考試會考（?!）

基本印刷用語 065

RIP

將DTP軟體所製作出來的資料轉換成印刷機可印刷資料的過程。具體來說，就是將資料網點化的「網屏處理」，RIP生成中間檔案後，才可用於各種輸出機的輸出工作。

超人氣女演員桃井麻耶的寫真集，在跨越過無數困難後，總算迎來了責任校稿結束的日子！
交叉法!!
碎念碎念碎念碎念
追加…
我想回家 我想回家
嗚喔喔喔喔喔
然而……
震——震——
震——震——
咦！沒辦法下版嗎？
呆—住
為什麼？不是明天就要印刷了嗎！
……
上面說封面要再貼上PP膜……
消沉～
突然改變規格的真相!!
封面弄個表面加工會比較好吧！
經紀公司的大人物
就是說啊～～
我……我知道了……
經紀人
廣告代理商
印刷公司
PP？跨太平洋夥伴協定？
那是TPP…

表面加工

印刷後，於印刷表面進行加工，提升印刷品本身的耐用度。其中最常用的就是「貼PP膜」及「上光」。不過，進行表面加工後，印刷面的圖樣看起來會比較濃，故需在事前確認效果。

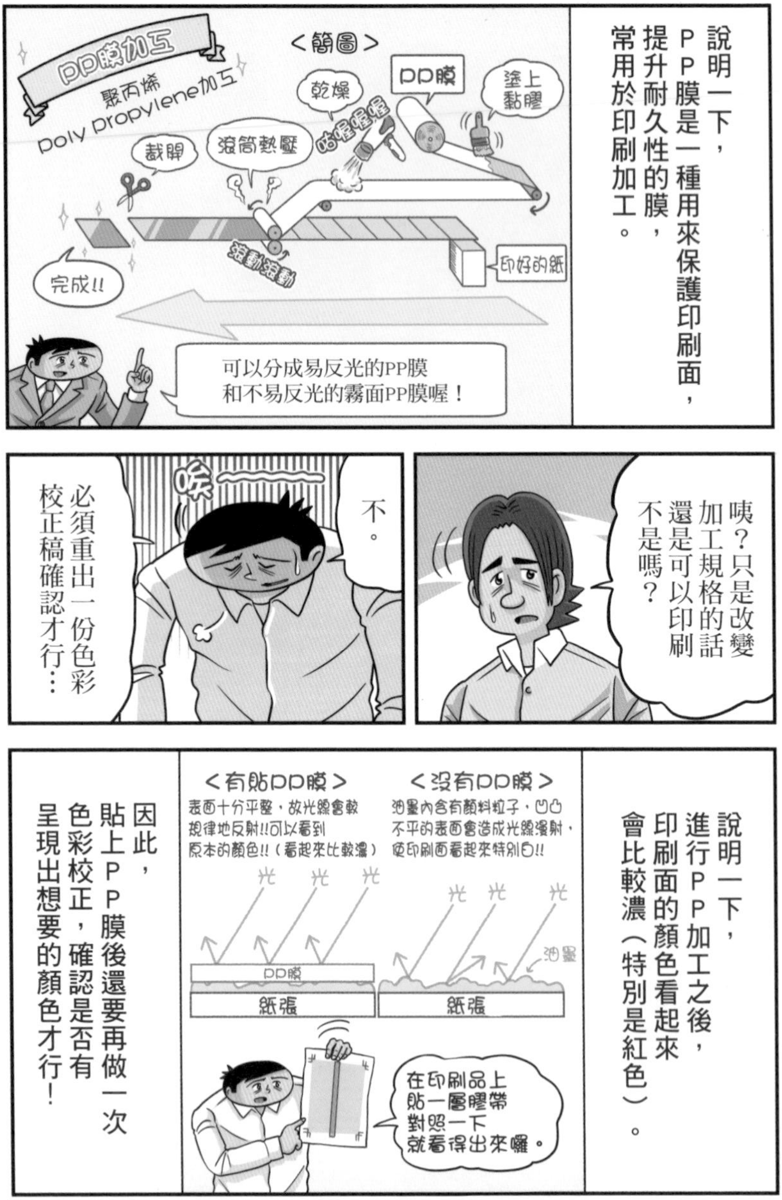
說明一下，PP膜是一種用來保護印刷面，提升耐久性的膜，常用於印刷加工。
PP膜加工
聚丙烯
Poly propylene加工
＜簡圖＞
PP膜
塗上黏膠
乾燥
滾筒熱壓
裁腳
滾動滾動
印好的紙
完成!!
可以分成易反光的PP膜
和不易反光的霧面PP膜喔！
咦？只是改變加工規格的話還是可以印刷不是嗎？
不。
唉～～～
必須重出一份色彩校正稿確認才行…
說明一下，進行PP加工之後，印刷面的顏色看起來會比較濃（特別是紅色）。
＜有貼PP膜＞
表面十分平整，故光線會較規律地反射!!可以看到原本的顏色!!（看起來比較濃）
光
PP膜
紙張
＜沒有PP膜＞
油墨內含有顏料粒子，凹凸不平的表面會造成光線漫射，使印刷面看起來特別白!!
光
油墨
紙張
在印刷品上貼一層膠帶對照一下就看得出來囉。
因此，貼上PP膜後還要再做一次色彩校正，確認是否有呈現出想要的顏色才行！

遮罩

塗漆或繪畫時會使用「遮蔽膠帶」限制塗佈範圍，製作印刷品時也會用類似的概念，遮住作業範圍以外的區域，以防止其他區域受到作業影響。Illustrator中，將遮住部分物件之處理方式稱作「遮罩」。

也就是說…
明天的印刷…
吞口水
……
我去貼色彩校正的PP，
沖田就去和
赤羽先生聯絡一下吧！
那就這樣…
……
什麼?!
刷元前輩
每次都這樣！
太狡猾了啦！
我要叫你
狡猾刷元！
我…
我知道了啦…
題外話，手工把PP膜
貼上色彩校正稿是
很困難的事——
啊～！
空氣
跑進去了！
你怎麼
每次都會作
出問題!!
非常抱歉…
真的不好意思…

兩天後
我回來了~
沙 沙
辛苦了，怎麼樣了？
噠噠噠
決定用B版囉！
沖田，把B版還沒貼PP膜的色彩校正稿拿一份過來！
終於可以下版了…
有PP膜
OK
月野
藤田
啪 沙
色彩校正時，需提出數種不同色調的版本。
咦？全都貼PP膜了耶？
沒有還沒貼膜的了
因為一直貼失敗…
!!
這樣不行啊！印刷時要把還沒貼PP膜的色彩校正稿放在一起對照啊！
啊~是喔？
後來在製版部找到了剩下的色校稿，總算度過了這個危機……
給你
感謝!!

燙金

將金箔、銀箔等貼在印刷後紙張上的加工方式。利用金屬的性質，將其加熱加壓後便可附著在紙面上。可以表現出一般印刷所無法呈現的光澤感、高級感，故常用於各種邀請函、月曆的署名上。

考試會考(?!)

基本印刷用語 069

比對顏色

印刷時，將責畢稿或校畢稿的色彩樣本與印刷品的顏色互相比對，調整油墨的顏色或印刷方式，使兩者的顏色相同。如果是不常見的顏色，印刷廠也很難立刻調出正確的顏色，使相關人員不得不在印刷現場監督好一陣子……。所以，調出正確的顏色，正是對印刷人員技術的一大考驗。

那美印刷 埼玉工廠
刷元與電學堂的月野為了現場監督著名女演員桃井麻耶的寫真集印刷而來到此處──
!
刷元先生，還沒開始嗎？我們大概等兩個小時了吧…
也對……不好意思，我去問問看情況喔！
噠
那個…大概還要等多久…
撲通撲通
撲通
嗄嘰嗄嘰
現在小弟正在調整顏色，再給我等一下！
吸菸室
說明一下，以膠印法印刷時，需在準備階段調整油墨供給量，使印出來的顏色正確。
調整顏色中
嗯～～為什麼顏色對不上呢？
負責這項工作的作業員需擁有很厲害的顏色識別能力與機械操作技巧！
印刷機可不是一開機就能印出正確的顏色喔！

可…可是，一個小時前也講過同樣的話…要是赤羽先生能早點準備的話應該也能…
而且客人也在等…
一小時前
還在調顏色!!
得把紙屑、破網挑掉，還有一堆有的沒的……
再說，就是因為沒照著時程下版，我們在第一線的才會這樣……
嗄嘰嗄嘰
嚇到
我…我知道了~我們繼續等!
咻——
不滿
不滿
不滿
月野先生，
接待室A
不好意思…請再多等一下。
這裡有2L的茶和外賣菜單~
這樣啊……
還要再等啊……
現場看印就是一直「等待」!
やあお茶 2L

基本印刷用語 070

不透明墨

如果印刷時的油墨重疊，而上層油墨會完全遮住下層油墨，那麼上層油墨就是不透明墨。像是金色、銀色等金屬色油墨，或者是珍珠色的油墨皆屬於此類。不透明墨應該要先印，故多色印刷時，通常會取代K的位置，以特別色↓C↓M↓Y↓K的順序印刷。如果不透明墨與黑色油墨有重疊的話要特別注意喔。

考試會考（?!）

基本印刷用語 071

Kaleido 油墨

由東洋油墨公司生產的油墨。與一般印刷時使用的油墨同樣有四種顏色（CMYK），卻能高度重現出RGB顏色的特殊油墨。與過去的油墨相比，可以實現較廣的色域，故受到各領域創作者的矚目。有些創作者甚至會要求「拜託用Kaleido油墨！」

數十分鐘後
刷元先生。
喀嚓
哦?!
準備好了嗎？
不…請你過來一下……
不安…
有種不好的預感。
啪
刷元～你給的原稿是特銅紙※……
可是搬來的印刷用紙是雪銅紙※喔！
……
難怪顏色怎樣都對不起來……
咦？所以怎麼了嗎？

※經過表面塗層加工的印刷用紙。特銅紙富光澤，雪銅紙的光澤較少。

考試會考（?!）

基本印刷用語 072

扇狀變形

使用單張式印刷機印刷時，與咬紙（P112）端相比，送紙端的紙會變得比較大，就像是扇子一樣拉伸，這種現象就叫做「扇狀變形」。主要是因為紙張吸到過多濕氣，使其拉長。扇狀變形會造成印刷色版錯位，且送紙端的色版錯位問題會比咬紙端還要嚴重。

紙完全不一樣啦！紙！
咦ー!!
抱頭苦惱…
怎…怎麼可能…我記得我訂的明明是特銅紙啊……
怎麼會?!
……
啊
我想起來了…
都修過圖了……
咦！這樣不是會被客訴嗎！
雪銅紙110kg…
參考第87頁
ぞおおおお
於是，預計今天進行的現場看印也延期了。
啊啊啊啊啊

※唉呀呀呀呀

令人懷念的

瀕臨絕種印刷用語

005

Quark XPress

由Quark公司製作的DTP排版軟體，有時也簡稱為「Quark」。過去只要提到DTP排版軟體，通常會讓人想到這個Quark，不過在Adobe公司推出「InDesign」之後，Quark的使用人數就越來越少了。但隨著最新版的釋出，偶爾還是會看到以Quark檔案進稿的資料。

回稿

陽片、陰片

印刷業界中提到的陽片與陰片，指的是照片與製版網片的屬性。「陽片」就是與實際成品的明暗、顏色相同的網片；相反的，「陰片」就是與實際成品的明暗相反、顏色為對比色的網片。

疼痛的原因

嗯——
最近肩膀有點痛耶～
還好嗎？工作太拚了吧，多休息啊！
休息……但現在正值年終截稿啊……
就是說啊～～
不過……肩膀痠痛的真正原因並不是年終截稿。
ガタンゴトン
ガタンゴトン
※喀噹
為避免被冤枉成色狼，刷元每天早上都要把手舉得很高。

考試會考（?!）

基本印刷用語 073

補漏白

印刷時，色塊接合的部分只要稍有色版錯位，圖樣的邊緣就會露出白底。為了防止這種事發生，會在相鄰色塊的邊界上製造部分色塊重疊區域。我第一次在印刷現場聽到「補好漏白再拿來啊！」的時候滿頭問號。有時也會稱作「擴縮處理」。

桃井麻耶的寫真集即將開始販售了！刷元與沖田為了提交樣品特地外出一趟。
叮—咚
4
沖田，快一點！
這很重耶！
咚咚咚…
喔～刷元！
開門
寫真集的樣品嗎？
辛苦啦!!
社長！
我看看……嗯，印得很漂亮啊！讓我想起以前負責雜誌時的凹版印刷呢！
謝謝社長的誇獎!!
凹版印刷？

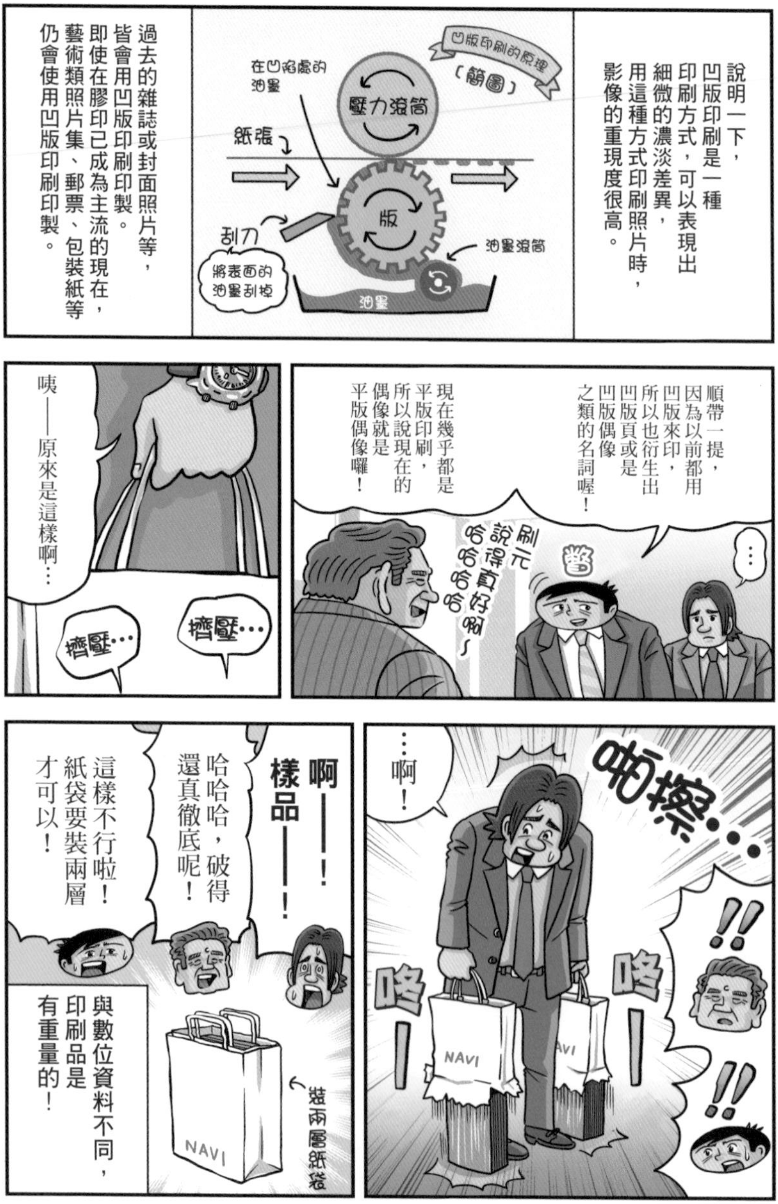
說明一下，凹版印刷是一種印刷方式，可以表現出細微的濃淡差異，用這種方式印刷照片時，影像的重現度很高。
凹版印刷的原理［簡圖］
在凹陷處的油墨
壓力滾筒
紙張
版
刮刀
將表面的油墨刮掉
油墨滾筒
油墨
過去的雜誌或封面照片等，皆會用凹版印刷印製。即使在膠印已成為主流的現在，藝術類照片集、郵票、包裝紙等仍會使用凹版印刷印製。
順帶一提，因為以前都用凹版來印，所以也衍生出凹版頁或是凹版偶像之類的名詞喔！
現在幾乎都是平版印刷，所以說現在的偶像就是平版偶像囉！
…
瞥
刷元說得真好啊哈哈哈哈~
咦——原來是這樣啊…
擠壓…
擠壓…
啪擦…
…啊！
!!
!!
咚！
咚！
NAVI
NAVI
啊——！樣品——！
哈哈哈，破得還真徹底呢！
這樣不行啦！紙袋要裝兩層才可以！
與數位資料不同，印刷品是有重量的！
裝兩層紙袋
NAVI

考試會考（?!）

基本印刷用語

074

FM、AM網點

印刷時的網點表現方式。AM網點是由規則排列的網點組成，藉由網點的大小來調整顏色濃淡，膠印一般會使用AM網點。FM網點則是由大小一定的網點隨機排列組成，藉由網點的密度來調整顏色濃淡，可以用來印刷比AM網點更加精細的圖樣。

考試會考（?!）
基本印刷用語
075

Fairdot

大日本網點製造公司所開發出來的高精度印刷技術。可以依照圖樣的濃淡，「適時切換」使用AM點與FM網點（P100）的印刷方式。可以用相當於400線的網點進行高精度印刷。順帶一提，Fairdot也被稱作「hybrid法」印刷。

我去換個袋子！
這時候，刷元的腦中浮現了不好的預感……
哈哈哈哈哈哈
……
而這個預感也成真了！
咦？
躁動躁動躁動
月野先生，您剛才說？
13
是誤植！
合作廠商的商品價格打錯了，從初校開始就沒人注意到…
連身裙
¥128
ドオオオン
※登愣～
居…居然…但已經印刷好了，裝訂工作也結束了……
吞口水
月野先生，都已經這時候了…只能…
……
推

同一天晚上
那美印刷
埼玉工廠
久等了～
呼
呼呼
呼
呼
勘誤表
勘誤表
勘誤表
勘誤表
勘誤表印好了。
各位…非常感謝大家的幫忙。
好！開始吧！
磅——
BOMANGA
碰上危機時，印刷公司的員工們便會團結起來奮戰！
不過…
要把這些勘誤表全都插進書裡嗎…
總覺得…要弄很久…
只能動手去做囉，沖田！
ドオオオオオオオ
※磅——
到底還有幾本啊…
靜下心來吧…
唉～
於是，大夥一直工作到早上…
登——
勘誤表
寫真集與勘誤表放在一起發售了。

考試會考（?!）

基本印刷用語 076

排版禁則、避頭點

製作、排版日語文書時，有些文字若放在行首或行尾讀起來會很不順，如「！」、「？」等禁止放在頭尾的文字，在日本稱作「禁則文字」；中文也有類似的規則，有人稱作「排版禁則」；而為了不讓標點位於行首的調整，就叫做「避頭點」。平常閱讀時可能不會察覺，但若想讓文章變得易於閱讀，其實需要下一番工夫才行喔！

考試會考（?!）
基本印刷用語
077

合版印刷

將數份稿件印刷在同一張紙上的印刷方式。舉例來說，如果要印（甲）、（乙）兩種A4大小的廣告單，（甲）要印六萬份、（乙）要印兩萬份。A全開紙可切成八張A4大小，故可以將其中六張用來印（甲），另外兩張用來印（乙），印一萬份。這樣就可以一次印完兩份稿件，比分兩次印的效率高了不少！

七月某日
丑時三刻
今天因為電信公司廣告單的下版工作，沖田獨自一人加班到很晚。
可惡…都這個時間了啊…
原本以為A4單張廣告應該可以很快弄好，才自己一個人接下來的……
碎念 碎念
碎念 碎念
碎念 碎念
碎念
責畢稿
喀噠喀噠 喀噠…
嗚……嗚～
嚇到
什麼聲音？
回頭～
嗚…嗚～
嗚～
快…救我…
!!!
出…
責畢稿
NAVI
出現啦～

隔天
真的啦！真的出現了！
啪
哈哈哈哈哈…
沖田，你應該是太累了吧。請個特休怎麼樣？
不是啦…刷元前輩，我真的……
我是認真的
喂～刷元，預印樣品送來囉！
好的——!!
噠
那絕對是真的…
一定是以前加班加太多撐不下去的員工在廁所…
碎念碎念 碎念
崩潰
驚起!!
出…出現了！
噠
果然！

基本印刷用語 078

預印

開始印刷後，最先印出來的幾份產品，可用來確認色調品質或是否有髒污。現場看印時，業務員與客戶也會一起確認預印出來的產品。另外，預印出來的產品通常會提供給客戶。如果在這個階段發生嚴重錯誤的話還能夠重印，或者決定是否要貼更正貼紙或夾入勘誤表。

考試會考（?!）

基本印刷用語 079

內邊

日文稱lap，指的是以騎馬釘（P116）裝訂書本時，書台（P120）上用來讓裝訂機夾住的部分，使機器能夠攤開書台。書台中心每邊需加寬約10㎜左右。要是沒有預留空間，裝訂時會傷害到稿件上的圖樣，客戶就會對我們嗆聲。一定要特別注意喔！

噠噠噠…
在哪裡？聲音從哪裡…
啊哇哇…
聲音？不是啦。
昨天拿給你下版的廣告單出問題了……
出現鬼影了…
ドォオオオン
※登——
咦？不是幽靈嗎？
超值家庭方案
①申請
說明一下，缺墨鬼影指的是印出來的顏色濃淡與預期不同的奇怪現象！
鬼影圖解
<印刷成品應有的樣子>
<產生鬼影>
印刷方向
C
B
A
如果印刷方向的線上，印出圖樣的比例與其他條線不一樣的話，油墨濃度就會產生差異！
A部分的油墨供給量比B部分還要少，使C部分變得更濃!!

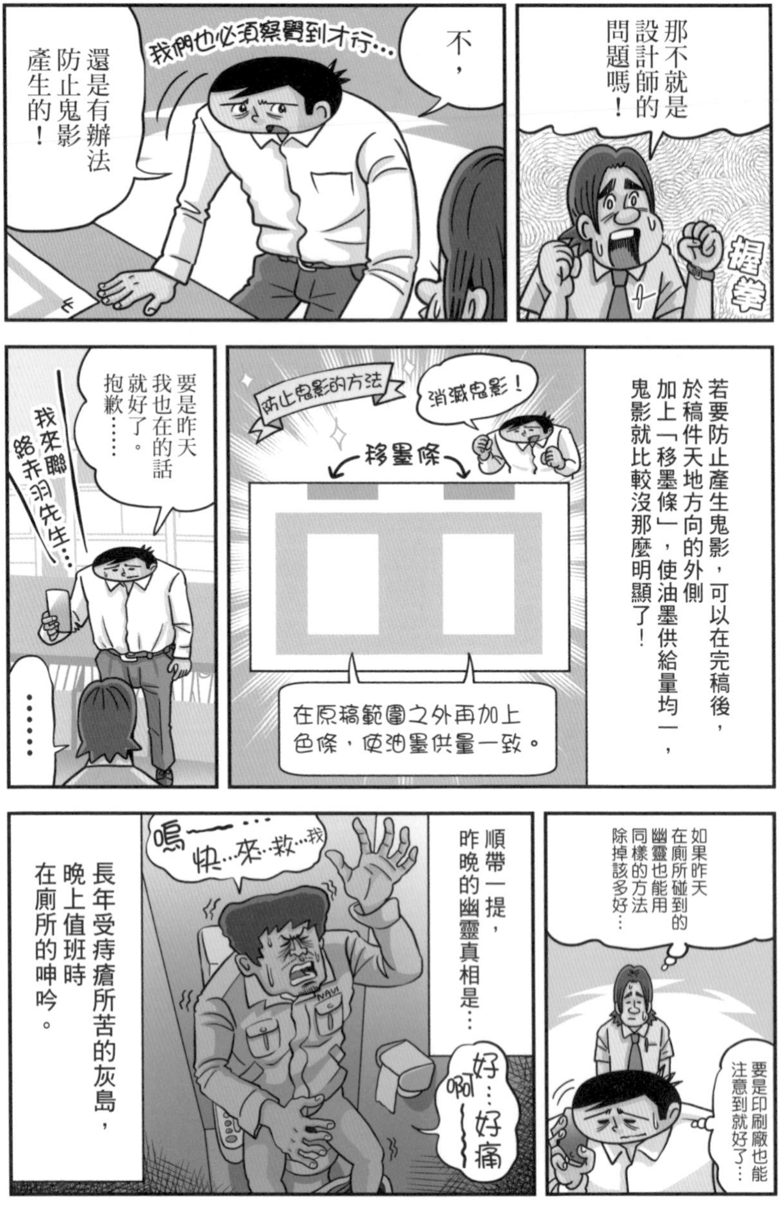
那不就是設計師的問題嗎！
握拳
不，
我們也必須察覺到才行…
還是有辦法防止鬼影產生的！
若要防止產生鬼影，可以在完稿後，於稿件天地方向的外側加上「移墨條」，使油墨供給量均一，鬼影就比較沒那麼明顯了！
消滅鬼影！
防止鬼影的方法
移墨條
在原稿範圍之外再加上色條，使油墨供量一致。
要是昨天我也在的話就好了。抱歉……
我來聯絡菲羽先生…
……
如果昨天在廁所碰到的幽靈也能用同樣的方法除掉該多好…
要是印刷廠也能注意到就好了…
順帶一提，昨晚的幽靈真相是…
嗚——…快…來…救…我
好…好痛
啊——
長年受痔瘡所苦的灰島，晚上值班時在廁所的呻吟。

膠裝預留裝訂邊

製作膠裝書時，會在書背的地方以特殊刀割裝訂邊，使糨糊容易附著上去。故須在書本內邊預留3㎜左右的寬度，不能印任何東西。要是沒有預留這個區域，膠裝時就會切到有印刷的地方，打開書本時圖樣會變得很奇怪！

考試會考（?!）
基本印刷用語
081

黑白單色印刷

只使用黑白兩色來呈現圖像的方法，輪廓會變得十分銳利。印刷時會以K0%（白）與K100%（黑）來表現。黑白單色印刷常用於呈現手繪線稿與文字，像是漫畫雜誌就幾乎都是用黑白單色印刷，而黑白中間的灰階則會用網點的方式呈現。

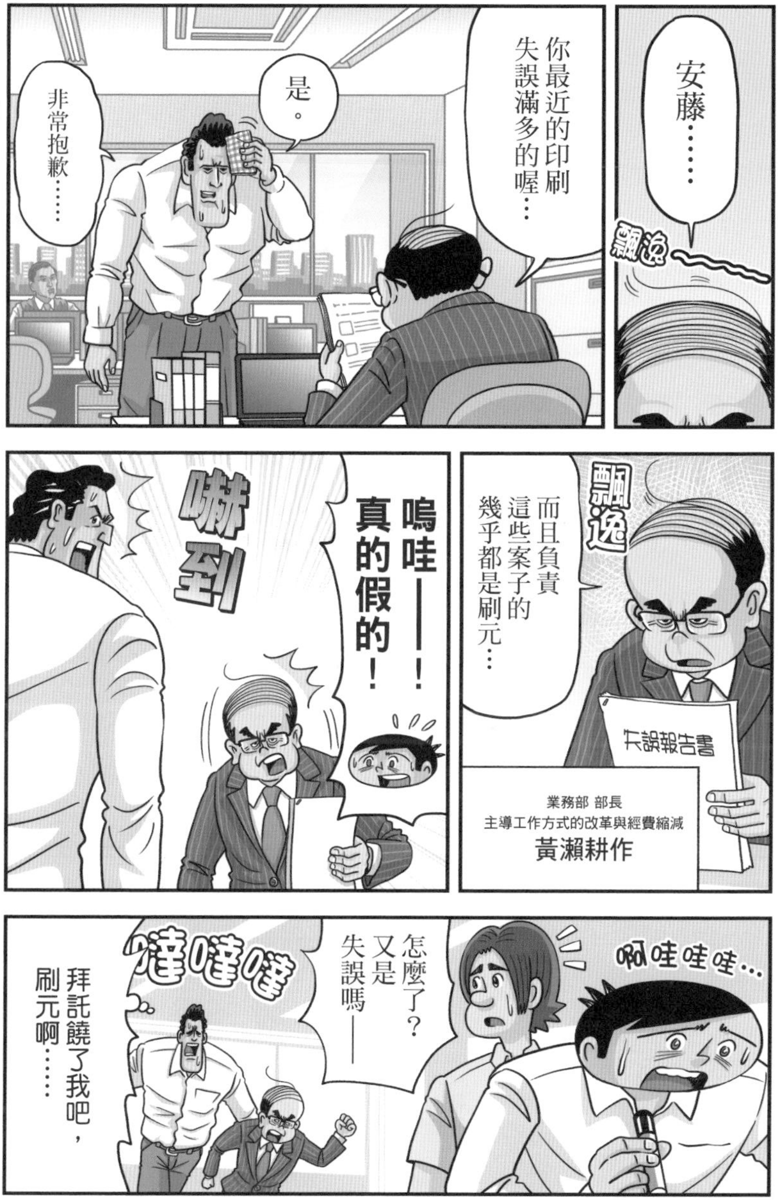
安藤……
飄逸~~~
你最近的印刷失誤滿多的喔…
是。
非常抱歉……
飄逸
而且負責這些案子的幾乎都是刷元…
失誤報告書
業務部 部長
主導工作方式的改革與經費縮減
黃瀨耕作
嗚哇——!!
真的假的！
嚇到
啊哇哇哇…
怎麼了？又是失誤嗎——
噠噠噠
拜託饒了我吧，刷元啊……

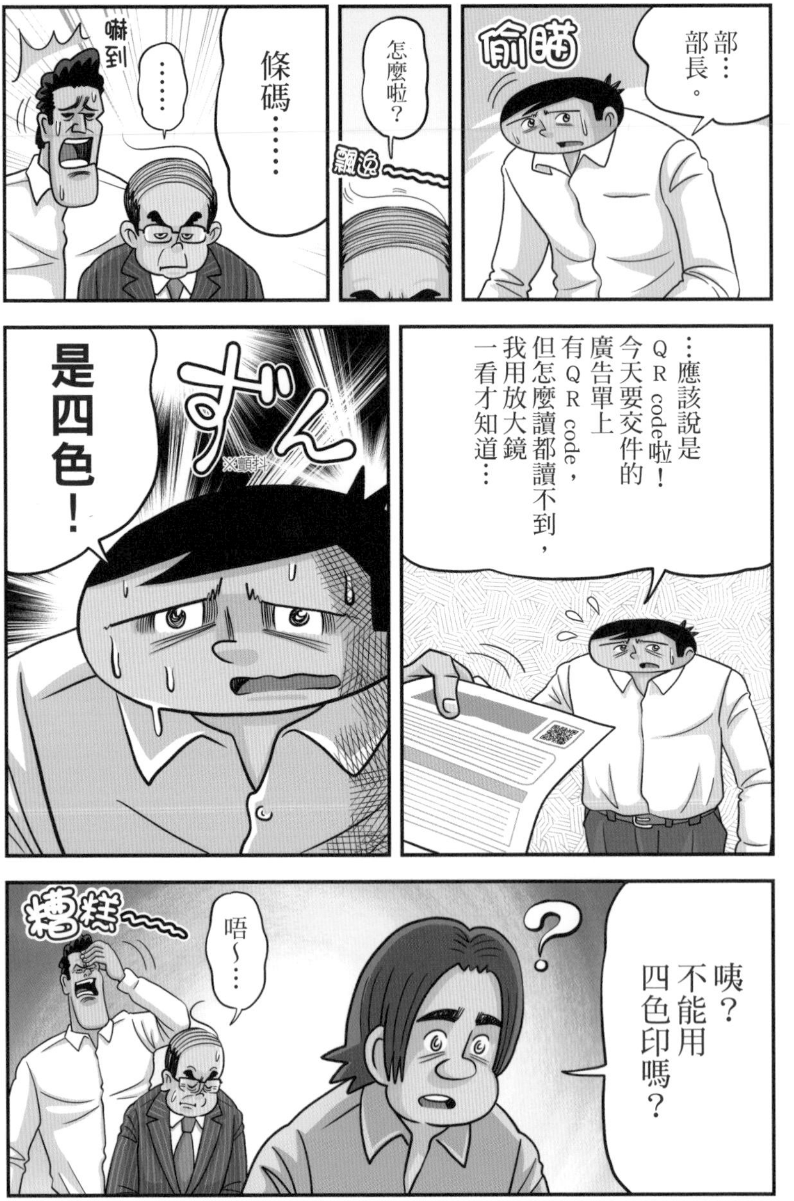
部…部長。
偷瞄
怎麼啦？
飄逸～～
條碼……
……
嚇到
…應該說是QR code啦！今天要交件的廣告單上有QR code，但怎麼讀都讀不到，我用放大鏡一看才知道…
ずん
是四色！
咦？不能用四色印嗎？
？
唔～……
糟糕～～

PostScript

PostScript是Adobe公司所開發的程式語言，可將圖形與文字以程式語言描述、記錄下來，作為印刷用資料，可以用很小的檔案來描述高解析度的印刷用資料。在DTP領域中，常是印刷機與相關軟體的核心。

考試會考(?!)

基本印刷用語
083

色彩增值模式

DTP軟體的一種繪圖模式。和「乘法」類似，將各種顏色以交疊的方式呈現。就像水彩畫中，將各種顏料一層層疊上去的感覺，常用於物件的合成。在我平時的插圖與漫畫工作中，也常用這種模式來處理陰影部分的表現。這也是製作印刷品時的一種基本繪圖模式。

說明一下。
QR code是現今連結印刷品與網路時，不可或缺的工具。
然而若用四色印QR code，可能會因為印刷機問題或紙張伸縮的關係使色版錯位，
造成QR code無法讀取！
OK!!
【以K 100%印出的QR code】
無法讀取!!
【以CMYK印出的四色QR code】
色版錯位
模糊~~~~
所以一般會建議用K100%印刷QR code喔。
沖田你連這個都不知道啊…
……
這樣啊…是四色黑(P68)啊！那為什麼一開始不用K100%來製作QR code呢?!
大概是因為這樣。
在網路上用免費工具簡單製作出QR code。
製作
直接將QR code貼在RGB檔案上
進稿
轉換成印刷用資料時，QR code就變成四色黑…
印刷
那美印刷
設計師
設計師

連我們都沒注意到就直接印了，這表示……
嗯……
消沉
只能重印了吧……
啊～條碼……
偷瞄
嚇到
……
…我是說，印刷QR code時一定要注意顏色啊～…
刷元！沒注意到這件事確實讓人遺憾，但我們的工作只是照著進稿資料印出來而已！要重印的話，你得去和對方談重印的費用！
飄逸～
凜然
好…好的。
真是的！為什麼問題那麼多啊！
生氣生氣
非常對不起!!
……
刷元前輩！部長的條碼不曉得讀不讀得到耶？好像有一條飄起來的樣子…
悄悄悄悄悄悄
噓！

考試會考（?!）

基本印刷用語 084

暫定圖片、暫定圖框

排版或設計時，會先將特定位置設定為「暫定圖框」，先放上「暫定圖片」，之後再補上圖片，有時也簡稱為「暫定」。但要是把暫定圖片拿去印的話，就會演變成印刷大失誤……。

夏天曬傷時會起水泡 印刷也會有「起泡」失誤

考試會考（?!）

基本印刷用語 085

出血

如果印刷品上的圖樣一直延伸到紙張邊緣，而客戶提供的圖像資料也剛好與紙張範圍相同的話，只要裁紙時位置略有偏移，就會使紙張邊緣出現白邊。為防止發生這種狀況，通常會讓圖案稍微延伸到紙張範圍外（基本上是3㎜）。這個部分就叫做「出血」。

八月某日
唧——
唧——
唧——
沖田在暑期休假結束後，變得更有氣無力了。
好熱啊～
哦？怎麼啦沖田？收假憂鬱嗎？
碰
那傢伙怎麼啦？
唉呀
唉呀
似乎是被曬傷全身刺痛的樣子。
長了超多水泡的……
擠出擠出
得多塗點防曬乳才行……
沖田，手冊樣品送來囉！來檢查吧！
ガガガー
※喀拉喀拉
好～！

咬紙

用平張印刷機（P61）印刷時，印刷機會用「咬紙牙」來夾取、輸送印刷用紙。紙張被夾取的部分叫做「咬紙端」，而紙張的另一邊就叫做「送紙端」。順帶一提，咬紙牙咬住的地方不會被印到，故需在這個地方留下10㎜的空白。

唧——唧——
唧——唧——
這是明天要交件的化妝品手冊嗎？
是沖田休假時下版的……
嗯，客戶對品質要求很高，所以要好好檢查啊……
攤開
嗯？
怎…怎麼會有這種泡泡？
膨脹…
我看看…感覺和我曬傷的水泡很像耶……
難道是…
SKINCARE

考試會考（?!）
基本印刷用語
087

壓力滾筒

印刷機的零件名稱。印刷時，紙張會通過壓力滾筒與橡膠滾筒（P147，平版印刷）或印版（凸版或凹版印刷）之間，使油墨藉由壓力滾筒的壓力轉印到紙張上。要是壓力滾筒生鏽或有髒污的話，也會造成印刷失誤。

噠噠噠
怎麼啦？
這是…
起泡！
果…果然如此！
起泡？不是水泡嗎？
打擊
說明一下，使用熱固型油墨※及輪轉印刷機進行膠印時，急速加熱會使紙張內部的水分揮發，然而水氣卻會被油墨擋住無法散出，於是造成紙面上一顆顆的水泡狀膨脹，即為起泡！
起泡
膠印的乾燥程序
噴—
油墨量較多的地方
塗料層
紙張
水分
急速加熱後的水蒸氣被較厚的油墨及塗料層困住，無法散出！
蒸發
蒸發
蒸發
膨脹
膨脹
消——沉
這是捲筒式膠印、塗料紙特有的印刷不良…

※加熱後可蒸發掉內部溶劑的油墨。

水分……這不就和我的水泡原因很接近嗎……嗯？這表示……
サッ
※沙
水泡
啊……這本沒有起泡耶！
不是每本都有嗎？
看來去一趟印刷廠把所有樣品檢查一次比較保險啊……
うーーむ
※嗯—
就是啊……
嗯？
呼
呼
呼
等……沖田！你在幹嘛？
擠壓
擠壓
曬傷就要塗防曬乳啊……
呼ー呼ー
這樣不可能修得好吧!!
別要白痴了好嗎!!
我不要才剛收假就去印刷廠檢查樣品啦！
唧唧

考試會考（?!）
基本印刷用語
088

套字換版

舉例來說，全國連鎖的量販店的廣告單中，內容大部分都相同，只需要替換每家店名稱的地方（P30）。故在製版時需在原本的版上，加上欲替換的版。

考試會考（?!）
基本印刷用語 089

卡榫

用家用印表機列印時，有時會印歪的情況對吧？要是在膠印（P26）時發生這種事的話，絕對會被大罵一頓。這時就要靠「卡榫」了，卡榫位於印刷機進紙口的左右兩邊，用來固定紙張的橫向位置。

赤羽先生，
請你確認一下預印～
那美印刷
哦。
ゴォオオオオオ
※嘎嘰嘎嘰
嗯？
喂，這本手冊是騎馬釘吧……
是，沒錯。
停下來……
咦?!
馬上給我停印！
把負責的業務叫來!!
くわっ
※大喊
好……好的！

基本印刷用語 090

裝訂

「製作書籍」時的必要加工。用釘書針固定書本正中間的方式叫做「騎馬釘」；在書背部分以糨糊黏起來固定叫做「膠裝」，其中還可分為在背後劃刀削去部分書背，使書背容易沾上糨糊的膠裝，以及不劃刀的膠裝；還有每一台紙都穿好線後，再用糨糊黏在一起的「穿線膠裝」。在書店或圖書館仔細看看，能發現各種不同的裝訂方式，很有趣喔。

數小時後，負責人抵達！
辛苦了～
唉～工廠實在有夠遠的…
沙沙
瞪視
禁菸
菸味好重！
又是你們嗎……
這是100頁以上的騎馬釘冊子，但是頁碼和書口索引幾乎就在書頁邊緣，根本沒做內縮！
指指
室內裝潢 62
內頁6台
要是就這樣直接裝訂的話，各頁的書口寬度會不一致，頁碼也會被切掉喔！
說明一下。以騎馬釘裝訂時，會用釘書針將裁切好的書頁釘起來。若紙張越厚、書頁越多，就會因為紙張厚度的關係，使書頁外側（書口側）凸出！
騎馬釘
外邊
內邊
外邊
這裡會變厚
也就是說，越靠近中間的頁數，裁切後，成品的書頁橫寬就越短。位於書口邊緣的頁碼、索引等，很有可能會被切掉！
裁切
內邊
外邊
裁切時，越靠近中間的書頁，裁掉的位置就越深……
室內裝潢 62
會被切掉!!
外邊
雖然使用的紙張也有影響，但如果沒有把印刷內容往內縮3～5㎜的話會很危險喔！

考試會考（?!）
基本印刷用語
091

文字溢出

用Illustrator或InDesign等軟體（P85）為文字排版時，文字外框可能會裝不下文字，使印出來的成品裁掉了部分文字。若物件框內塞了過大或過多的文字、圖形時，就會發生這種問題。

為了防止這種事發生，在排序頁面時，會將內容稍微往內邊（裝訂邊）移動一些，使外邊的內容能夠對齊，這就是所謂的內縮處理！
內縮處理
裁切
外邊
內邊
剛剛好～
將這個部分往內縮調整!!
原來如此～那趕快進行那個什麼外縮處理吧…
馬上開始吧
內縮啦…
這種事辦不到…
咦？
バン
※磅！
因為這本手冊有一大堆跨頁圖啊!!!
ガーン
※呆住
?

考試會考（?!）

基本印刷用語 092

PDF / X-1a/ X-4

也就是所謂的「印刷用資料」。PDF／X是印刷用的PDF規格，是由國際標準化組織（ISO15930）定義的一種標準PDF格式。其中，最常用的就是「X-1a」與「X-4」。基本上包含了CMYK、字型、圖像等格式。

某些情況下，跨頁圖像沒辦法進行內縮處理，因為會削到部分圖像！
<跨頁>
內縮處理
裝訂邊的圖片合不起來
啊！跨頁圖合不起來了！
這樣的話只能請設計師重新排版了……
喂喂？
等等…不要放我一個人啦!!
轉頭
點火
……
偷瞄
……
瞪
嗚…真不想直接面對他！
……
NAVI
偷偷——…
我也被內縮處理了耶~……開玩笑的啦！哈哈哈哈哈。
小鬼~！很好玩是吧！
噫——對不起~！

考試會考（?!）

基本印刷用語
093

EPS、TIFF

皆為檔案格式。EPS可同時儲存向量圖形與點陣圖形，適合用於印刷，編輯及輸出時也能維持檔案品質。TIFF可以讓人在不壓縮影像的情況下反覆編輯、儲存，過程中影像不會劣化，故可在保持品質的狀況下於不同軟體間存取。

在赤羽的神手相助之下，總算避免了最糟的狀況。修正資料以後再次下版，終於印出手冊樣品了！
刷元前輩，預印稿送來囉～
還真重啊～
我看看～
希望今天可以早點回家～
攤開
!!
刷元前輩，怎麼會上下顛倒⋯
喔～因為手冊是左翻，又是齊天啊。
是說，這點程度應該要知道吧⋯
上質なチェアで高
級なひとときを

台

書本類的印刷品台灣會以「台」為單位進行印刷。一般會以4頁、8頁、16頁、32頁為一台，再將各台裝訂成一本書。

從以前開始，印刷現場就會以「第1台、第2台、第3台……」來稱呼各部分書頁。基本上，摺頁都會是4的倍數，不過也有像是包摺或N摺這種三摺共6頁的例子。

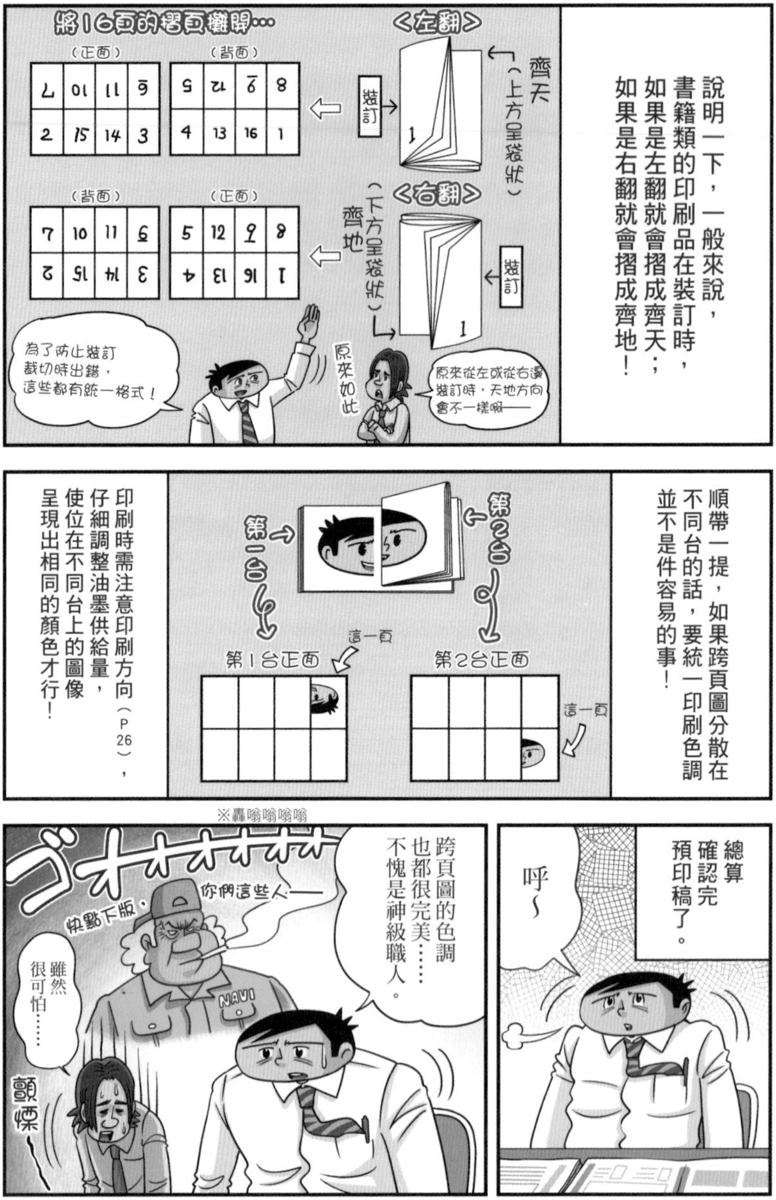
說明一下，一般來說，書籍類的印刷品在裝訂時，如果是左翻就會摺成齊天；如果是右翻就會摺成齊地！
將16頁的摺頁攤開…
（正面）
（背面）
<左翻>
齊天（上方呈袋狀）
裝訂
<右翻>
齊地（下方呈袋狀）
裝訂
原來從左或從右邊裝訂時，天地方向會不一樣啊——
原來如此
為了防止裝訂裁切時出錯，這些都有統一格式！
順帶一提，如果跨頁圖分散在不同台的話，要統一印刷色調並不是件容易的事！
第2台
第一台
第2台正面
這一頁
第1台正面
這一頁
印刷時需注意印刷方向（P26），仔細調整油墨供給量，使位在不同台上的圖像呈現出相同的顏色才行！
總算確認完預印稿了。
呼～
※轟嗡嗡嗡嗡
ゴオオオオオ
跨頁圖的色調也都很完美……不愧是神級職人。
快點下版，
你們這些人——
雖然很可怕……
顫慄～

考試會考（?!）

基本印刷用語 095

摺紙加工

為印刷後的成品進行摺紙加工，可以增加頁數，也可做成左右對頁的印刷品，或者將過大的印刷品摺成較小的樣子。加工方式有很多種，像是對摺、包三摺、彈簧三摺、四摺、開門摺、蛇腹摺、青蛙摺等，隨著印刷品用途與紙張種類的不同，應選擇最適合的摺法。

到了手冊交件的前一天
刷元前輩……想請你看一下樣品……
啪嘰 啪嘰 啪嘰
哈哈哈！
消——沉
有個估價單正在趕，稍微等我一下～
預印時印得那麼完美，樣品的跨頁圖應該也很棒吧！
啪嘰 啪嘰 啪嘰
不……跨頁圖徹底地歪掉了。
ズコーッ!!
※跌倒
啪
怎麼可能！

考試會考（?!）

基本印刷用語 096

排頁序

裝訂成一本書時，需將每一台依照頁面順序排好，這就是排頁序。另外，將剛印好的印刷品依照正確順序排好也稱作排頁序。印刷公司印出書籍的色彩校對稿準備要出校時，常會說「排一下頁序！」就是要人「把校對稿依照頁數排好」的意思。

這⋯
這是⋯⋯
裝訂不良⋯
匠
どん⋯
※登愣⋯
裝訂時，紙沒摺準的話，跨頁圖就會歪掉！
歐—買尬的—
啊～之前印刷時明明都很順利的～！
崩潰
沖田！馬上去檢查成品吧！
又是失誤嗎——
咦～我不想再去印刷廠了啦～！

令人懷念的
瀕臨絕種印刷用語
007

滾筒掃描機

將原稿放在滾筒上，使其快速旋轉，同時進行掃描。這種掃描方式可以得到高品質的資料。不管是反射原稿（照片、繪圖等），還是透明原稿（網片）的「陽片、陰片」（P98）都可以用這種機器來掃描。

番外漫畫

印刷男孩們的聖誕節①

小凜，這星期天有什麼安排嗎？要是沒有的話……
啊——我每年聖誕夜都會和家人一起去吃飯~
啊……是這樣啊！那25日呢？有其他行程嗎？
嗯，和人約好要過夜了！
咦？
要……過夜……
※失落
ズーン
我知道了……祝你幸福。
？
腳步沉重
啊，沖田。
預定下星期一送回的回稿可能會很晚才送來喔……
……
刷元前輩！
要我等到幾點都可以啦！
哇——
感動
沖田……終於要開始認真工作了呢！
哭泣
嗚…嗚~小凜……

翻片再翻片

將製版網片從陽片轉印成陰片（P98），之後再轉印成陽片，得到與一開始的網片完全相同的網片。要將多面網片貼在印刷版上，或者將剪貼後的網片重新製成一張完整網片時，就會用這種「翻片再翻片」的方法。

番外漫畫
印刷男孩們的聖誕節②

然後來到了25日星期一的晚上。
辛苦了~
沙沙
進稿 P17-32
這是第一部分的回稿！
啊！
小……小凜?!
啊，沖田先生，您辛苦了！
咦？怎麼會？不是說今天有約嗎？
幻……是幻覺嗎？
嗯！上禮拜刷元先生告訴我回稿大概早上才會到！
聖誕節還讓妳加班真不好意思~
回稿來了嗎
原來有約是指這個啊~！我還以為是……
喂，沖田，回稿呢？
好！小凜，一起加油到天亮吧！
嗯……
沖田！回稿~快拿來啦！

考試會考（?!）

基本印刷用語 097

binary

將影像存為EPS檔（P119）時需進行編碼才可儲存，而「binary」二進位編碼在儲存時不會壓縮資料。雖然沒經過壓縮檔案會相當大，但不管修正幾次，影像都不會劣化。同樣的，壓縮時若設定以「ASCII」編碼儲存也不會壓縮到檔案。相反的，「JPEG」格式則是會壓縮到檔案的代表性編碼方式。

如果你在街上看到有人盯著選舉海報看的話…
……
那個人可能是一位正在認真考慮要把國家的未來託付給誰的公民…
或者是一位印刷公司的員工！
……
數天前的傍晚
墨賀先生～
要下版的稿就放在這囉——
啪沙
這就是最後了～!!
喔！
辛苦你了！
這次的選舉海報也挺累人的呢！

是啊……在我們這裡印海報的幾乎都是夢之黨的候選人，但是夢之黨的提名名單在截稿前的最後一刻才定了下來啊……
放心將所有都交給我們吧！
國尾守
夢之黨提名 or 無黨派
不過，總算所有海報都能下版了。太棒了，哈哈哈哈哈！
是啊!!
但是，當天晚上…
刷元——！
ダダダダ
※噠噠噠噠
呼— 呼— 呼
怎……怎麼啦，課長！
提名!!
夢之黨突然宣布要增加候選人提名名單了！
呼——
呼——
呼—
什麼？怎麼會……
ぐぉぉぉ
※糟糕啊——

psd

Photoshop的影像保存格式。可完整保留排版資訊，故在編輯過程中常將檔案存成psd檔。由於最近的電腦性能提升了許多，使psd也能相容於其他由Adobe所開發的軟體，於是psd逐漸成為了進稿檔案的主流。

考試會考（?!）

基本印刷用語 099

耐光油墨

想必你也曾經注意到，商店外貼的海報過了一段時間後就會開始褪色。這種褪色是由太陽光的紫外線所造成的，不過如果使用耐光油墨印刷的話，可減緩褪色的速度。許多海報、包裝等都會使用耐光油墨印刷，不過要注意的是，這種油墨與一般油墨的顏色稍有不同。

其中還包括了好幾個在我們這印海報的候選人。
無黨派
夢之黨提名
要追加修改！
怎麼這樣！可是已經開始印刷了耶！
明天就要交件了啊～
也不知道現在能不能調到YUPO紙※……
說明一下，YUPO紙是一種用聚丙烯樹脂製作出來的合成紙，有良好的耐久性、防水性！
防水!!
YUPO
強度高、不容易破、耐雨淋、防潑水，故這種紙很適合做成海報張貼在戶外！
堅固！
順帶一提，製作戶外用海報時，會使用在陽光紫外線的照射下仍不容易褪色的耐光油墨印製！
戶外用海報
那美印刷的王牌
刷元 正
紫外線
耐光油墨
一般油墨
持久!!
褪色
這時的刷元…
啊！赤羽先生，海報要重印了…
是的…
非常抱歉

※YUPO是YUPO CORPORATION的註冊商標。

隔天早上
墨賀先生……
F 製版部
下版稿……我放在這裡了……
啪
喔！辛苦啦！
整夜沒睡嗎……
……
搖晃
刷元前輩!!
嚇到
剛才課長打電話來，說有幾個候選人拒絕提名，打算要以無黨派的身分競選……
沖田啊……你幫我轉達給刷元吧！我實在是開不了口……
バアアアアン
※登愣
ガーーン
※打──擊
……
為什麼要變來變去的啦……
刷元前輩，要是他們當選的話，請他們制定追加修改禁止法吧！
喪氣

考試會考（?!）

基本印刷用語100

文繞圖、緊縮字距

為使文字與物件（與文字分離的影像或圖片）不要重疊到，故讓文字「繞」著圖的外框排列。「緊縮字距」則是在調整排版禁則（P120）的時候縮小字距，使文字不換行或是不跑到下一頁的動作。相反的狀況則稱作「加寬字距」。

考試會考(?!)
基本印刷用語101

陰影

使用Illustrator或Photoshop的時候，可以為文字或圖形等物件加上陰影。廣告單或手冊上常有這種設計對吧。不過，如果只在Illustrator上使用陰影功能，有時會印出很奇怪的結果，故最好經過「點陣化處理」，或者用Photoshop整合影像後再送印會比較保險。

今天是本月的最後一個星期五，刷元與沖田來到一家設計公司，收取某服裝公司網路活動手冊的原稿。
SHAREOTSU DESIGN
這就是所有原稿了。
……
好的，我看看。
因為今天是超值星期五，所以我得早點下班喔～
嘿嘿嘿 嘿…
時髦設計公司
設計師 高桐仁之助
……
真好啊──
咦──這樣啊～！
唉──超值星期五嗎……真好──
說起來，今天早上部長也有提到呢。
今天是超值星期五！都不准給我加班喔～
大聲
在晨會上
好！今天就加油點，努力準時下班吧！
叮──……
好的！
……

色票面板

在Illustrator中，可以為顏色、濃度、梯度、圖樣命名。每個檔案都有自己的色票面版，而色票面版可以記錄顏色、梯度、圖樣等三種屬性，也可以新增一組自己製作的色版。

但是……
12F 製版部
咦！！
バッ
※啪
圖片連結全都無效?!
是的。
請看這個
真的……
Adobe Illustrator
找不到連結檔案「2_12.psd」。若要選取其他檔案，請按「取代」；或者請按「忽略」保持連結不變。
全部套用
取代
忽略
咦？怎麼回事啊？
ドオオオン
※登
說明一下，Illustrator檔案裡的圖片可分為連結圖片與內嵌圖片兩種！若將圖片設定為連結的話，圖片本身不會被包含在Illustrator檔案裡，須將圖片資料一起進稿才行，不然就會找不到連結檔案！
內嵌圖片
資料很肥～～
有夠笨重
連結
資料輕便，作業效率提升!!
連結
連結圖片
如果進稿時只給Illustrator檔案的話……
找不到圖片喔～
連結
要是進稿時沒有把連結的檔案一起交給印刷公司，就會找不到連結檔案喔!!

考試會考(?!)

基本印刷用語 103

外觀面板

在Illustrator中，可以藉由調整外觀面板上的各種屬性來改變物件的外觀。外觀屬性包括填色、筆畫、透明度、效果等。在外觀面板上輸入數值後，可以製作出用筆型工具很難畫出來的圖樣，要編輯這些圖樣也相當簡單。

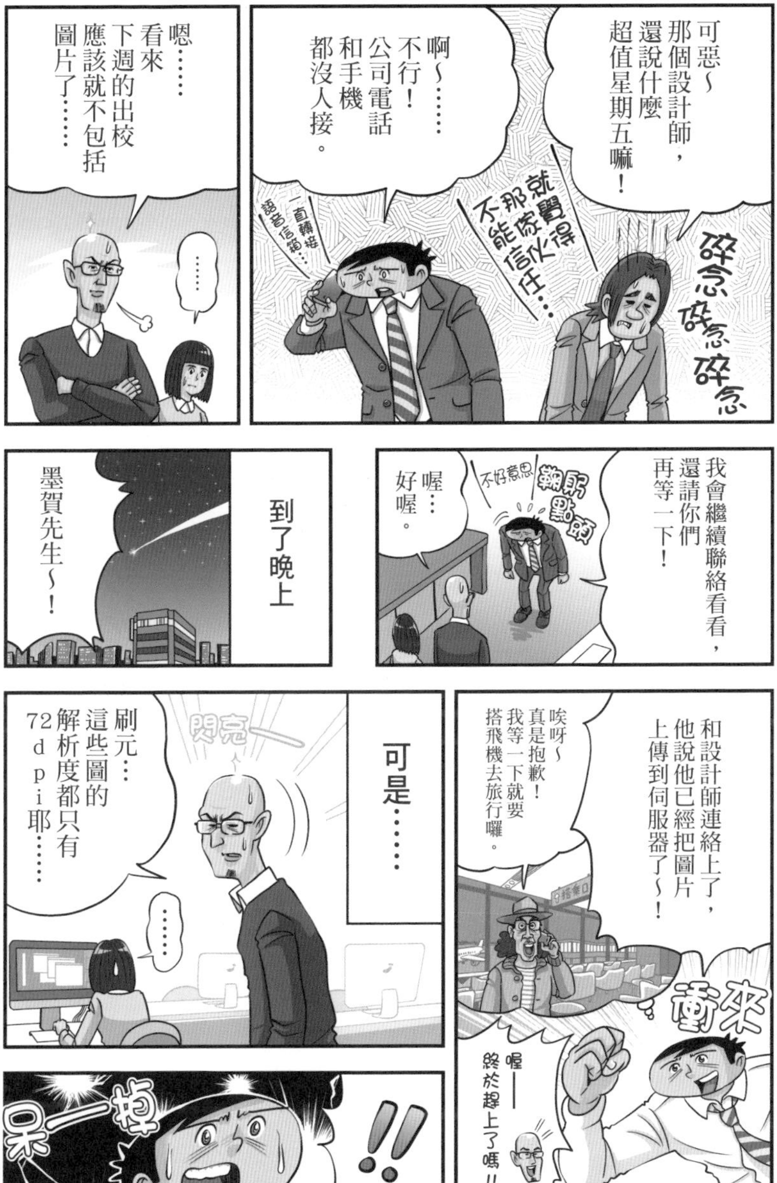
可惡～那個設計師，還說什麼超值星期五嘛！
碎念碎念碎念碎念
就覺得那傢伙不能信任…
啊～……不行！公司電話和手機都沒人接。
一直轉接語音信箱…
嗯……看來下週的出校應該就不包括圖片了……
……
我會繼續聯絡看看，還請你們再等一下！
鞠躬點頭
不好意思
喔…好喔。
到了晚上
墨賀先生～！
和設計師連絡上了，他說他已經把圖片上傳到伺服器了～！
唉呀～真是抱歉！我等一下就要搭飛機去旅行囉。
衝來
喔——終於趕上了嗎!!
可是……
閃亮—
刷元…這些圖的解析度都只有72dpi耶……
……
呆一掉
!!

說明一下，
解析度是用來表示圖片
細緻程度的數值。
一般來說，用於印刷的圖片，
建議要在350dpi以上！
順帶一提，72dpi是網路用的圖片！
用刷元的臉來解說吧!!
dpi
dot per inch
dpi指的是
1英吋（25.4mm）的長度
可以排列多少個點!!
可以排列350個點，就是350dpi
1英吋（25.4mm）
72dpi
在螢幕上看起來
還OK……
但印刷之後……
看起來會很粗糙
啊!!
唉呀——
哈哈哈哈
我以前做的都是網路圖片設計，幾乎沒有印刷的經驗耶～
TAKAGIRI
於是，那美印刷的超值星期五再次面臨漫漫長夜……
刷元……設計師人呢？
現在應該在飛機上吧……他說要去沖繩……
沖繩?!
ピクッ
※嚇到
總之，在他抵達沖繩前就再等一下吧。
總覺得我們好悲情喔。
是啊。
那美印刷公司

考試會考（?!）

基本印刷用語104

Q數

也叫做「級數」，用來表示文字大小的單位。1Q＝0.25㎜，這是日本的DTP所使用的單位。有時候會在稿件上看到「加Q」或「減Q」之類的紅字。順帶一提，台灣一般會用「點數」代表文字大小的單位，以「pt」表示。

考試會考（?!）
基本印刷用語
105

轉外框

將文字轉換成由路徑構成的物件（圖形）。將文字轉外框後，就算在另一台沒有相同字型的電腦上開啟檔案，也可以照樣顯示。當然，一旦將文字轉外框後，就沒辦法變更修改了。

バチッ!!
※啪嘰
秋意漸深…
靜電嗎…嚇到我了。
啪滋 啪滋
某天，空氣突然變得相當乾燥……而沖田負責的手冊樣品就在這天送到。
業務 沖田先生
內含樣品
加工課
喀擦
沖田～，徵才手冊的樣品送來囉——！
叩囉
我正在做估價單…
啊——手冊只有兩摺，很快啦，先放著吧！
那我來幫你確認吧！
大感謝!!
刷元前輩人超好。
叩囉…
數分鐘後
怎……怎麼會這樣?!
嚇到
!?

怎麼了嗎？
嗟嗟嗟嗟嗟ooo
……
刷元前輩！這是……
開
摺線裂開了……
說明一下，「摺線裂開」指的是印刷品的摺線部分因為某些原因產生裂痕、裂開！
如果摺線也有印刷，裂開時就會看到白底…
原因有很多，像是因為乾燥紙張水分過度蒸發之類的！
什麼嘛！是因為乾燥就屬於自然現象不是嗎！不是我們的錯嘛！
嚇我一跳！
不過這種裂開的方式……
驚
該不會！
借我一下！
バッ
※啪
嗚哇！

考試會考（?!）
基本印刷用語 106

圖層

在影像資料中，將物件設定為一層一層的圖。若以階層表示影像結構，便可有效率地調整透明效果、切換遮罩、編輯色彩增值、網點效果等。就像是在繪畫用紙上疊著一層層的透明網片一樣。製作插圖時，常會用到數十層圖層。

考試會考(?!)

基本印刷用語 107

紙漿

製紙所使用的漿狀植物纖維，主要以木材為原料。製紙時會使紙漿以固定方向流動，故會在成品上生成固定方向的紋路，這就是所謂的「絲流」。撕紙張時，沿著某個方向會比較容易撕開，這方向就是絲流，也就是紙漿流動的方向。

うおぉぉぉぉ
※嗚喔喔喔喔
ビリッ
※裂開
等……刷元前輩！你在做什麼啊！
終於發瘋了?!
鋸齒狀……
沖田，這大概……
絲流是逆流的啦！
石榴？
說明一下，絲流（絲向）指的是紙張纖維的排列方向！
絲流是?!
紙漿的流動方向
紙張是將紙漿內的纖維以一定方向排列後製造出來的，故製造出來的紙張會有方向性，這就是絲流！
纖維的排列方向
噢——絲流就是纖維的排列方向啊——

製造出來的紙張會捲成捲筒狀，之後裁切成單張紙時，會因為裁切的方向不同，裁切完的紙張可能是縱紋或橫紋！
絲流
捲筒狀紙張
縱紋（T裁）
橫紋（Y裁）
如果與絲流平行（順流），會比較容易摺疊或撕開!!
嘶
如果與絲流垂直（逆流）…
就會造成摺線裂開，裂痕會呈鋸齒狀～!!
嘶
啪哩啪哩
A全開（Y裁）
一面8頁
這本手冊是由兩摺的A4稿裝訂而成的，所以要用橫紋的紙才行啊！
糟糕
進稿單
啊！這裡是寫縱紋！
就逆流了。
果然
……
啊～因為只有兩摺就覺得很簡單的我，還是逃不過紙神的眼睛啊～
不…這單純只是沖田你沒確認到吧……
不用說，摺線裂開的事也逃不過客戶的眼睛，只好重印了……

書口索引

頁數很多的書籍或型錄，在書口側上會標示章節，有時還會套色，這就是「書口索引」。製作套色的「書口索引」時，需使同一個分類的索引為同一個顏色。如果印錯的話，赤羽先生就會大喊「顏色錯了啊！」這時候要是笑出來的話就會被罵喔！

考試會考（?!）

基本印刷用語 109

金赤

一種顏色。由M90%與Y100%混合而成，略帶黃色的紅色。有時也指M100%與Y100%混合而成的紅色。另外，也有名為「金赤」的特別色油墨。順帶一提，這個名字來自於江戶時代製作江戶切子的玻璃工藝家，他們利用金粉呈現出了更漂亮的紅色，故金赤可說是一種很有歷史的顏色喔！

一月某日，刷元與沖田正在進行某家信用卡公司訂製，要發給會員的DM下版作業。
沖田，請你確認文字的部分！
好～～
搖晃…
暫存
業務1-2
沖田看起來還在新年收假憂鬱中的樣子……
收假憂鬱~~
……
啊！特別是西元年和天皇年號的標記要特別注意喔，因為變成新的年分了！
一月的印刷時常發生這種失誤啊！
這個男人過去曾因為弄錯西元年和年號而造成重大失誤。
咦？
嚇到
我記得這封問候信會用特色※金來印刷吧？
啪—
印成黑色了啦！

※若想印出以印刷四色（CMYK）無法表現出來的顏色時，需使用特別調製的油墨。

啊——因為這是噴墨樣（P78）啦~
這沒關係啦——
說明一下，若使用四色以外的特別色印刷，一般來說，在噴墨樣時因為無法使用特別色，故大多會以CMYK中的其中一種顏色代替特別色輸出！
模擬打樣
特色油墨
金
印刷機
以金色印刷
噴墨印表機沒這種顏色
噴墨樣
噴墨印表機
以K輸出
順帶一提，用噴墨印表機輸出時，有時也會用和特別色相似的顏色輸出喔！
這樣啊——原來如此~
比起這個，西元年和年號真的要特別注意喔！
靠近…
我…知道了啦！
看來有過很不好的回憶……
結束下版的幾天後
那美印刷公司
刷元前輩！
預印…出大事了！
碰
什麼！是西元年？還是年號？
都提醒那麼多次了!!
緊張

考試會考（?!）

基本印刷用語 110

色標、導表

印刷時印在印刷範圍外的印刷管理標誌。色標會印出100%的CMYK四種顏色，而導表則是印出100%以外的數種顏色濃度。印刷時，維持油墨在一定的濃度是一件很重要的事。印刷途中，還會用機器測定導表上的油墨顏色，進而調整油墨濃度。進行色彩校正時也會印出色標與導表。

考試會考（?!）

基本印刷用語

111

色票

印刷，特別是以特別色印刷時一定會使用的色彩樣本。各色的色票皆已預裁，可以輕易撕成小片，附加在印刷用原稿上。因此，常用顏色的色票馬上就會用完，非常珍貴，大家都會很珍惜地使用。常用的油墨色彩樣本包括「DIC」與「PANTONE」等。

不是……原本該用金色的問候信印成黑色了。
這也是噴墨樣嗎？
昏倒
!!
什…為什麼？
痛…
沖田，你責畢稿沒有附上色票嗎？
蛤？
驚
這樣不行啦！用特別色時，要附上色樣才能下版啦！
色樣
色票
COLOR GUIDE 3
上次的印刷品樣本
咦？製版部應該要在這裡標示特別色才對，居然沒看到！
製版部也在收假憂鬱~~~~
在那美印刷，若要用特別色印刷，會在稿件加上「特金」之類的標示！
撕開

印刷人員也在收假憂鬱～～
是說，他們應該要照著進稿單印才對，居然沒注意到……
唉——
滑
喂……辛苦了，我是刷元，我找赤羽先生。
刷元前輩！真的很抱歉！
那美印刷 埼玉印刷廠
你這個笨蛋！
消——沉
……
比起西元年和年號，更該注意的是收假憂鬱才對。刷元心裡這麼想著。
是的……不好意思。
吼 吼 吼 吼

考試會考（?!）

基本印刷用語 112

套印記號

為管理印刷品品質，會將「套印記號」印在稿件範圍的外側。記號內會以１００％濃度印出各種用來印這份稿件的油墨，以確認是否有色版錯位的情形。「規矩線」（Ｐ34）也是套印記號設定中的一個。

考試會考（?!）
基本印刷用語
113

刀膜

印刷時，會在加工時預計裁切或凹摺的加工區域畫線標示出來，稱作「刀膜線」。Illustrator的資料中，會以「路徑資料」的樣子呈現。順帶一提，刀膜加工並非都是簡單的四角形，會有更為複雜的圖形，像是等身大的人型POP，或者貼紙加工時，都需標示出刀膜線，以利進行切除加工。

沖田負責百貨公司情人節宣傳手冊的印製，當他正在確認樣品時，突然露出奇怪的表情……
這…這是？
色彩樣本
預印暫存
刷元
武藏野百貨店
Happy Valentine's Day
2.14
我……
居然…有透視能力!?
黑色文字上透出了背後的圖樣。
武藏野百貨公司特別企劃
七位大師
您會選擇哪位大師的作品呢？
ぱあああん
哈哈哈，怎麼可能有這種事。
那是疊印啦！
咦？那是什麼啊？

說明一下，疊印指的是印刷時，設定不同顏色重疊印刷！
將油墨蓋在前一種油墨上
Y
M
C
K
疊印
K100%
紙張
基本上，印刷是照著K↓C↓M↓Y的順序印的！
一般來說，K100%的物件會在製版時自動調整成疊印。
別名 黑色疊印
疊印
別名 挖空
無疊印
這是為了防止色版錯位跑出白邊！
※ 圖片的K100% 就不會自動處理了！
順帶一提，疊印也可能會造成許多印刷失誤！
用Illustrator印白色文字時，若設定成疊印的話……
螢幕上看起來…
あ
實際印刷後…
消失了!!
將有白邊的K 100%文字設定成疊印的話……
螢幕上看起來…
あ
實際印刷後…
あ
會跑出白邊!!
發抖
噫~好可怕~

考試會考(?!)

基本印刷用語 114

挖空

製版時，若要在影像或網點內插入文字，或者將多個圖形組合在一起時，為避免文字與圖形重疊在一起，故會將位於下方的文字或圖的形狀切掉，再將位於上方的物件放上去。有時也簡稱為「鏤空」、「挖白」。順帶一提，為了防止因色版錯位而跑出白邊，會做「補漏白」（P99）處理。

考試會考（?!）

基本印刷用語 115

印刷順序

一般來說，四色印刷時會以ＫＣＭＹ的順序進行印刷，這是根據油墨黏著強度排列出來的順序。膠印時，會在一個顏色的油墨還沒乾之前就印下一個顏色，故黏著性越強的油墨通常越會先印。不過如果是滿版印刷等狀況，順序則可能會再調整。

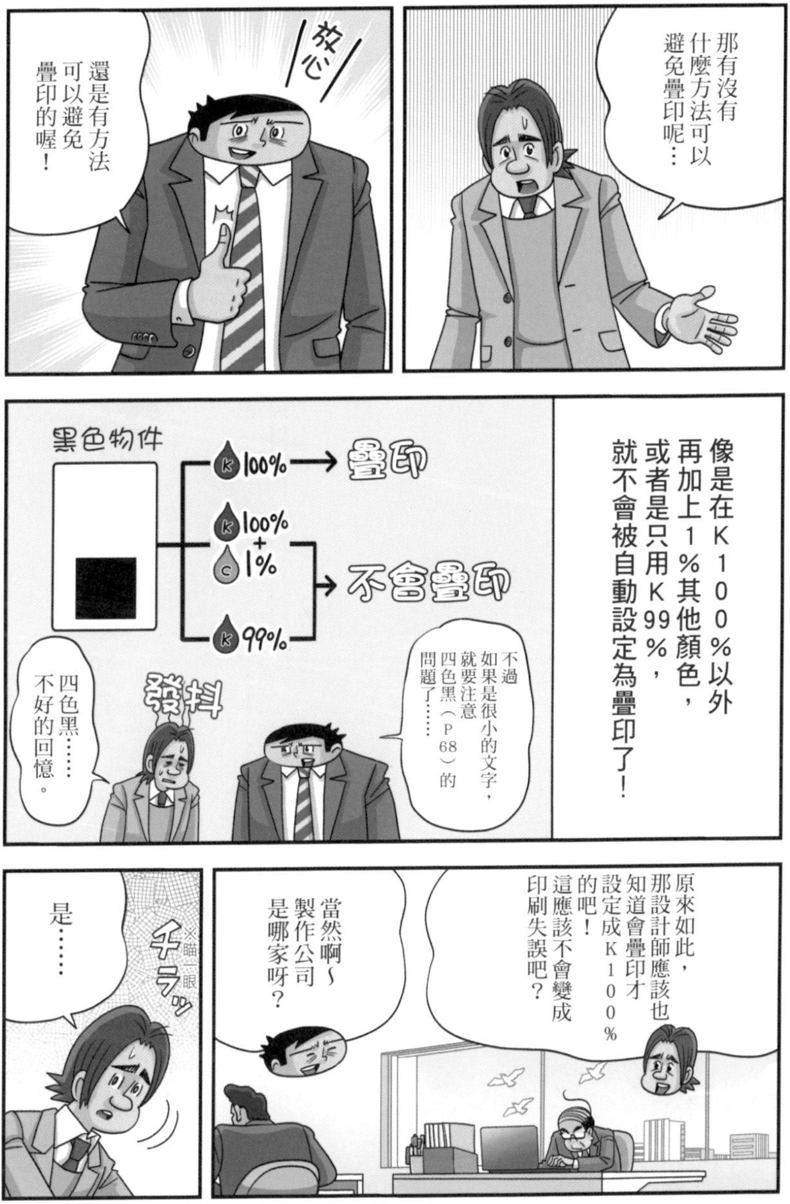

那有沒有什麼方法可以避免疊印呢…
放心
還是有方法可以避免疊印的喔！
像是在Ｋ１００％以外再加上１％其他顏色，或者是只用Ｋ99％，就不會被自動設定為疊印了！
黑色物件
K 100% → 疊印
K 100% + C 1%
K 99%
→ 不會疊印
不過如果是很小的文字，就要注意四色黑（Ｐ68）的問題了……
發抖
四色黑……不好的回憶。
原來如此，那設計師應該也知道會疊印才設定成Ｋ１００％的吧！這應該不會變成印刷失誤吧？
當然啊～製作公司是哪家呀？
チラッ
※瞄一眼
是……

是那個發生過一些事（P129）的「時髦設計」的設計師……
重…
翻開
這樣啊……
應該沒問題吧……
這時候
這、這是……
透…透視！
也就是說……
轉頭
再校
疑視——…
咦？透不過去啊……
嘎——嘎——
A4
A3

考試會考（?!）

基本印刷用語 116

色調曲線

調整影像整體亮度或對比時會使用的功能，可以用ＤＴＰ軟體等進行調校。進行調整時，被調整參數會以曲線的方式呈現。初始狀態下，這條線會是一條從左下到右上的斜直線。拉動這條直線，即可修正圖形的亮度與對比。

考試會考（?!）
基本印刷用語
117

色調分離

也稱作色調跳階。從影像中最亮的地方往最暗的地方延伸時，色調變化不平滑，呈現一層層色階，產生斑紋狀圖形。若修圖過度，便容易產生這種現象。幫自拍照修圖的時候，請一定要特別注意這種狀況喔（笑）。

刷元先生，請看一下這裡。
好的。
電學堂的月野把刷元叫到公司，拿出了兩天前交件的手冊樣品。
13
SPRING&SUMMER
SUIT
這……這是……！
SPRING&SUMMER
啊啊～～～～!!
沖田，怎麼啦！又切到手了嗎！
噠噠噠…
……
課…課長～
美味炸雞

波浪

輪轉式印刷機常出現的印刷失誤。印刷品經過各色印刷後，以烘乾裝置高溫乾燥時，若圖像各部分的乾燥程度不平均，便容易產生這種看起來像波浪狀的「皺褶」，稿件中的圖像部分特別容易出現這種皺褶。不管是印刷品還是我們人類，都不怎麼喜歡「皺」這件事啊……。

唉呀呀～～
褲子被油沾到了～
穿薄的灰色褲子吃多汁炸雞時要特別注意！
……
唉～～～
我回來了～
辛苦了ー
刷元！
月野先生有什麼事？
翻找
之前交件的手冊上……
有油漬！
!!
ドオオオオオオン
※登愣
咦？刷元前輩也沾到了？

考試會考（?!）

基本印刷用語 119

橡膠滾筒

膠印時介於印版滾筒與壓力滾筒之間的滾筒，以樹脂或橡膠製成。印刷版上的影像會先轉移至橡膠滾筒，接著再轉移至紙面上。現場看印時，偶爾會看到印刷作業因橡膠滾筒累積太多油墨，或黏到紙屑而必須中斷，這時就會有人來告知「現在正在清潔滾筒！」

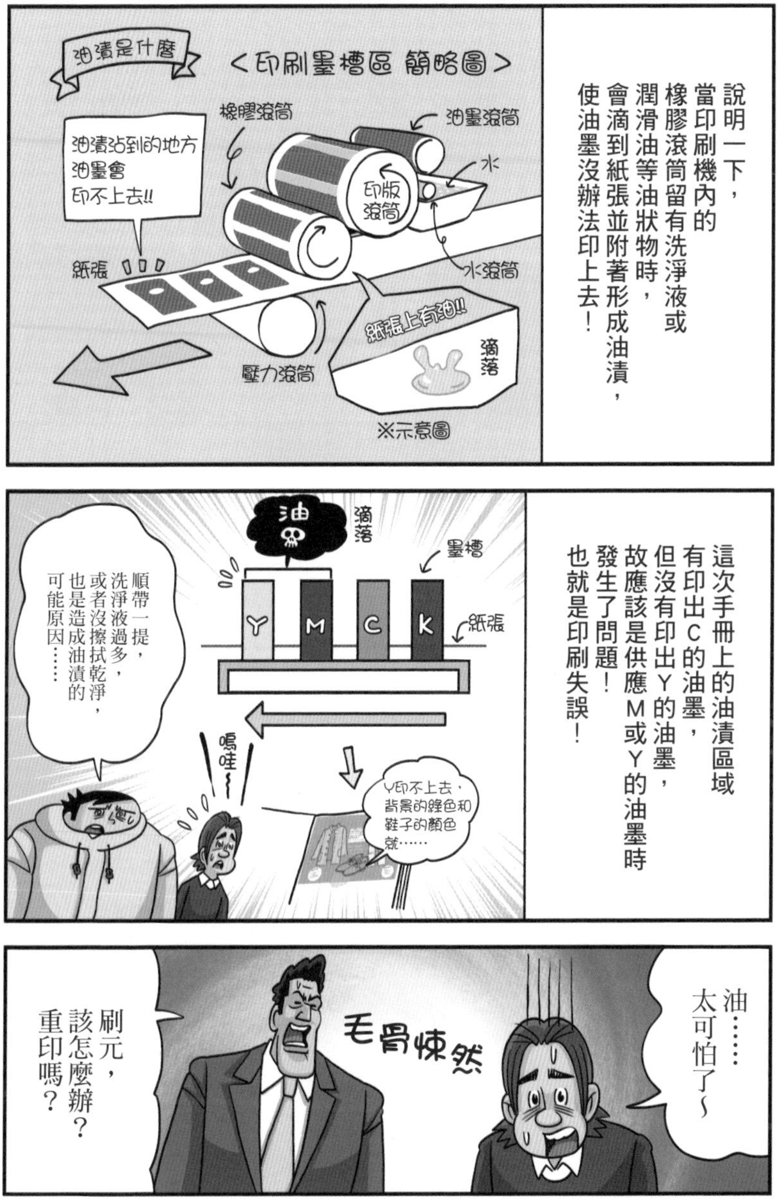

說明一下，當印刷機內的橡膠滾筒留有洗淨液或潤滑油等油狀物時，會滴到紙張並附著形成油漬，使油墨沒辦法印上去！
油漬是什麼
＜印刷墨槽區 簡略圖＞
橡膠滾筒
油墨滾筒
水
印版滾筒
水滾筒
油漬沾到的地方油墨會印不上去!!
紙張
紙張上有油!!
滴落
壓力滾筒
※示意圖
這次手冊上的油漬區域有印出C的油墨，但沒有印出Y的油墨，故應該是供應M或Y的油墨時發生了問題！也就是印刷失誤！
油
滴落
墨槽
Y M C K
紙張
順帶一提，洗淨液過多，或者沒擦拭乾淨，也是造成油漬的可能原因……
嗚哇～
Y印不上去，背景的綠色和鞋子的顏色就……
油……太可怕了～
毛骨悚然
刷元，該怎麼辦？重印嗎？

總之…
先把全部的成品都檢查一遍……
全部……有幾份?
吞口水
有五萬份。
喀啦
喀啦
……
五…
那個……刷元前輩。
嘻皮笑臉
我也沾到油了,今天可以早點回去嗎?
じゅわ〜〜〜
※油膩
!!
嗚哇,好嚴重
當然不行……
快去用水擦一擦吧!
說的也是
所以說,油真的很恐怖。
喂?今天我也會晚點下班…

水漬

印刷機墨槽機具內的水滴到紙面並附著,使之後的油墨沒辦法順利印上去的現象,與「油漬」的狀況類似。印刷機內的濕氣與機器用水等,皆可能是導致異常的原因。

大 家 來 找 碴

試著用交叉法（P42）
找出不一樣的地方吧！

解　　　答

答對了嗎？

150

解　　　答

答對了嗎？

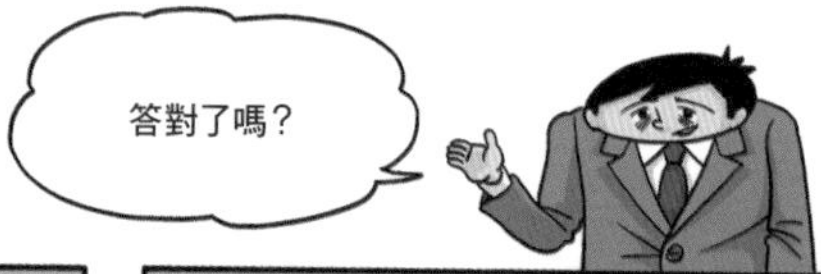

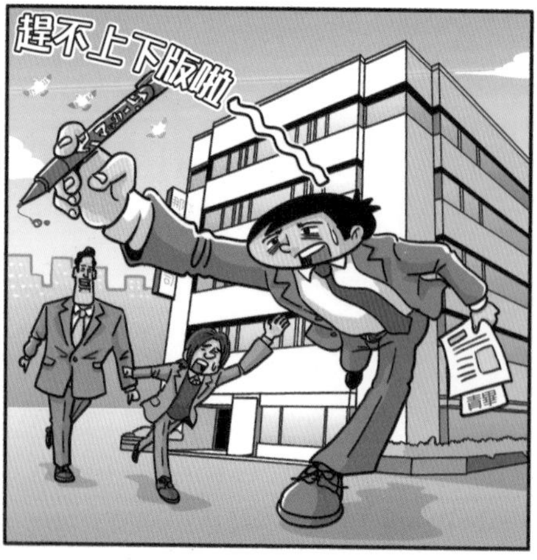

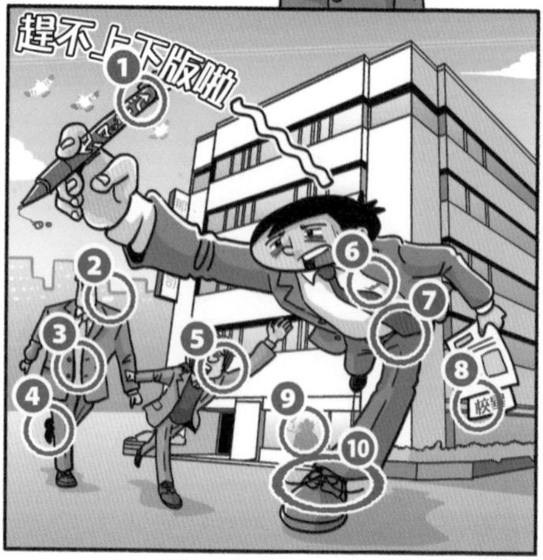

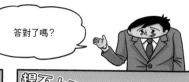

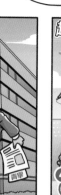

乾杯
鏘—
著名網路漫畫的實體書終於下版了。那美印刷的業務部與製版部員工們，在燒肉店提早舉辦了慶功宴。
社長說今天想吃什麼都可以盡量點！
喔——!!
好耶——!!
※滋滋作響~~
じゅうううう~~~
謝謝—
烤好囉！小凜給妳！
洗手間
嗯？
驚
啊！沖田！那個豬肉還帶有一~點點紅色喔！
靠近
要借你放大鏡嗎？
……

不然
吃這個牛五花……
轉頭
啊——！
那塊肉烤過頭囉！
沖田～！
調淡一點啦！
……
怒視
……
我說你們～！
不要再說印刷
用語了啦——！
氣
啊哈哈哈哈哈
印刷公司的員工們
對烤肉的顏色特別敏感。
滋滋～～
真是夠了——
哈哈哈哈哈……
焼肉

刷元等人今晚度過了相當快樂的時光。
那時的失誤真是太糟糕啦—
來一杯吧部長!!
噗哈—
小凜好厲害!
噗哈—
震震—
但是，快樂的時光並沒有持續太久……
來電
印刷廠印刷課
滑動接聽
您好。啊!赤羽先生!
一驚
一驚
醉
咻—
…所以暫停印刷啦
咦~~!!!
好的……我知道了
怎…怎麼啦?看樣子果然是……?
消~~沉

喀啦
凜然
沖田！去印刷廠囉！
挺身
咦—？現在去?!
哦？要出動了嗎！印刷男孩！
帥喔～
……
不要說什麼印刷男孩了啦———！
印刷男孩嗎……
微笑…
刷元前輩竟然還滿喜歡的？
加油吧！親愛的印刷男孩！
啊～我不想去啦～！
沖田，快走吧！

後記

「想不想在GetNavi web上連載些什麼呢？」
來自學研PLUS的松井謙介先生這封語氣輕鬆的郵件，
促成了這個作品的誕生，
沒想到之後還能夠出書……。松井先生，實在太感謝你了！
感謝我的責任編輯山田佑樹先生，一直努力鼓勵我創作、支持著我的連載。
感謝擁有漫畫編輯經驗的玉造優也先生的支援。
感謝GetNavi本誌的野村純也先生、負責廣告業務的大槻剛史先生，
為本作品安排了盛大的合作企劃，
我得到了很大的鼓勵，非常感謝。
感謝製作人、構成、編輯、著述家的石黑謙吾先生，

願意迅速且仔細地指導什麼都不懂而徬徨的我，
讓我的第一本單行本能順利出版。
就在不久前我收到了封面設計稿。
很有衝擊性、簡單易懂、也很可愛，實在太厲害了！
非常感謝提供超棒設計的川名潤先生。
前同事，長谷川誠為了確認用字解說的內容，
總是和我一起在埼玉的燒肉店待到深夜，太感謝你了！
而在這個連載進行的同時，也受到了許多人的支持。
很感謝我在印刷業工作時的同事們給予的幫助。
還有還有，印刷、裝訂這本書的凸版印刷公司的各位，
接下來就交給你們了！希望能一切順利！
另外，刷元等人的故事將在GetNavi web的
《今天也沒辦法下版了！》（今日も下版はできません！）
繼續連載下去。可以的話也希望各位能看看。
最後，剛開始連載時，誰也沒想到能得到那麼多的迴響，
真的是感謝再感謝，非常感謝各位讀者的支持！

〔協力〕

佐近祐宏
長谷川誠
北岡伸啟
藤田敦史
新綾太
飯田智伸
飯田麻由美
新島信太郎
羽田野龍
水野晃尚
AKIKO

以上是製作本書時提供各種協助的夥伴們。
就算我在大半夜時用LINE或電話聯絡你們，
也不會露出厭煩的表情，
（雖然沒看到臉，不曉得實際情況如何）
仔細回答我的問題，十分感謝你們的幫忙。
以後也請多多指教！

奈良裕己

奈良裕己（BOMANGA）

漫畫家、插畫家

出生、現居於東京。曾於印刷公司、廣告製作公司擔任業務員，於2012年4月創業，成立BOMANGA。之後以插圖、漫畫創作為中心，活躍於雜誌、書籍、網路、電視等許多領域的媒體。2016年9月起，於「GetNavi web」上開始連載《今天也沒辦法下版了！》為本書內容的基礎。

【HP】http://www.bomanga.com/
【Instagram】@bomanga
【Twitter】@bomangamagazine
【Facebook】bomangajapan

STAFF
漫畫、文字：奈良裕己
製作人、構成、編輯：石黑謙吾
設計：川名潤
DTP：Ad Clair

驚悚就是我們的日常！

印刷業崩潰日記

2019年3月1日初版第一刷發行
2020年6月1日初版第三刷發行

作　　者　奈良裕己（BOMANGA）
譯　　者　陳朕疆
編　　輯　曾羽辰
發 行 人　南部裕
發 行 所　台灣東販股份有限公司
<地址>台北市南京東路4段130號2F-1
<電話>(02)2577-8878
<傳真>(02)2577-8896
<網址>www.tohan.com.tw
郵撥帳號　1405049-4
法律顧問　蕭雄淋律師
總 經 銷　聯合發行股份有限公司
<電話>(02)2917-8022

國家圖書館出版品預行編目資料

印刷業崩潰日記：驚悚就是我們的日常!／
奈良裕己著；陳朕疆譯. -- 初版. -- 臺北
市：臺灣東販, 2019.03
160面；14.8×19公分
譯自：いとしの印刷ボーイズ
ISBN 978-986-475-927-9（平裝）

1.印刷業 2.漫畫

477　　108001079